技术能手传经送宝丛书

FANUC 0*i* 数控车床/加工中心
编程实例及计算技巧

何贵显　主编

机械工业出版社

本书选择在企业里应用最广泛、编程最具代表性的 FANUC Series 0i – TC/TD 数控车床系统、0i – MC/MD 加工中心系统作为范本进行讲解，分为数控车床和加工中心两个部分，共包括作者亲自加工及收集的实际生产中的四十多个编程实例。

本书可供刚入门的数控编程、操作人员使用，也可作为职业院校数控专业师生的参考书。

图书在版编目（CIP）数据

FANUC 0i 数控车床/加工中心编程实例及计算技巧/何贵显主编.
—北京：机械工业出版社，2018.12
（技术能手传经送宝丛书）
ISBN 978-7-111-62132-4

Ⅰ. ①F…　Ⅱ. ①何…　Ⅲ. ①数控机床 – 铣床 – 程序设计 ②数控机床 – 铣床 – 加工　Ⅳ. ①TG547

中国版本图书馆 CIP 数据核字（2019）第 038040 号

机械工业出版社（北京市百万庄大街 22 号　邮政编码 100037）
策划编辑：王晓洁　责任编辑：王晓洁
责任校对：张　薇　封面设计：马精明
责任印制：郜　敏
北京圣夫亚美印刷有限公司印刷
2019 年 4 月第 1 版第 1 次印刷
184mm × 260mm · 9.25 印张 · 245 千字
0 001—3 000 册
标准书号：ISBN 978 - 7 - 111 - 62132 - 4
定价：39.80 元

凡购本书，如有缺页、倒页、脱页，由本社发行部调换

电话服务　　　　　　　　　　　网络服务
服务咨询热线：010 - 88361066　机　工　官　网：www.cmpbook.com
读者购书热线：010 - 68326294　机　工　官　博：weibo.com/cmp1952
　　　　　　　　　　　　　　　金　书　网：www.golden - book.com
封面无防伪标均为盗版　　　　　教育服务网：www.cmpedu.com

前言

　　近几十年来，数控机床在我国发展很快。学习操作数控机床时，指令含义及其格式用法相对来说是比较简单的，死记硬背就行了。对于图样，需要把图样上的工件材料、倒角、表面粗糙度、几何公差、基准面等各类技术要求等信息转换为机床语言，除了刀片的选择、加工工艺要求、切削三要素之外，有些图样上还设置了"障碍"，需要计算节点的坐标，不少初学者往往都在这里"卡壳"。因为，很多操作工对数学知识的掌握有限。勾股定理、三角函数、反三角函数、定比分点公式、极坐标系、直角坐标系和极坐标系的转换、角度的旋转、直线和圆相切的切点计算、直线和圆相交的交点计算、直线和直线的交点计算、直线和椭圆的交点计算、直线和双曲线的交点计算、平行线间的距离公式、两圆相交交点的计算、两点间的距离公式、两圆外切时切点的计算、两圆内公切线切点的计算、两圆外公切线切点的计算……如何才能拨云揭雾、化繁为简？目前，市面上相关图书很少，很多人想要提高自己的水平，但苦于入门无路。有鉴于此，我们编写了本书。

　　作者从 2007 年 8 月毕业到现在，先后操作过国内外 10 个品牌 20 多个系列的数控系统，其编程操作方法大同小异，各有特点。本书选择在企业里应用最广泛、编程最具代表性的 FANUC Series $0i$–TC/TD 数控车床系统、$0i$–MC/MD 加工中心系统作为范本进行讲解，全都是实例。作者积多年经验编写了本书，希望能给初学者以参考，给从业者以借鉴。

　　本书由何贵显主编，参加本书编写的还有王金宝、赵刚和常健。

　　饮水思源，感念不忘！感谢政府的"阳光工程"，感谢枣庄市台儿庄区人力资源和社会保障局黄礼辉老师，感谢青岛科技大学穆孝亮老师，感谢众多网友的支持与帮助。书中错误及疏漏之处，敬请广大读者和同行不吝指正。

编　者

目录

前　言

数控车床篇

例1-1 简单套类零件的加工（长棒料加工成小件，装夹时的计算及编程技巧）。

简单的套类零件如图1-1所示。该零件的毛坯外径为φ26mm、内径为φ12mm的长管，材料为45钢，试编写其加工程序。

工艺及数学分析：

这样的长管状毛坯，如果一道程序只加工一个工件，主轴起停会很频繁；该套类零件很短，不如一次伸出卡盘能加工3个工件的长度，即3×（工件长度22.5mm＋切断刀刃宽3mm＋平端面加工量0.5mm）＋最后切断时的伸出卡盘量4mm，即伸出卡盘82mm长，一次性加工3个工件，然后再装卸工

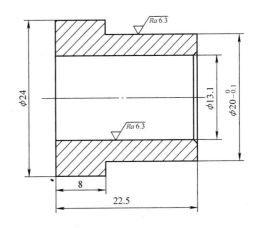

注：未注倒角C0.5。

图1-1 简单的套类零件

件，这样省时省力。用钢直尺测量，要记得每次伸出卡盘同样的长度，以免空走刀或碰撞，在每次加工第一个工件时，要观察一下，遇到情况及时按下急停按钮。由于切断刀的损坏率较高，在装夹切断刀时要注意刀尖高度是否和主轴旋转中心等高，切削刃与Z轴是否平行；在使用切断刀加工时，听到异常声音要及时按下急停按钮，如果刀片损坏没有及时发现，将会导致刀柄上装夹刀片的夹持座也一起损坏，使刀柄失去使用价值。

注意事项：

把剩下的料头集中起来，能加工两个工件的，把工件伸出卡盘56mm长，在N10前添加N2行，加工完这些料头之后删除；能加工1个工件的，把工件伸出卡盘30mm长，在N10前添加N4行，加工完这些料头之后删除。

参考主程序如下：

O0010；	
G99 G97；	设定程序中使用每转进给量，恒转速
（N2 GOTO 30；）	
（N4 GOTO 50；）	
N10 G10 L2 P0 X0 Z0；	在程序中设定EXT坐标系为X0 Z0，即X轴、Z轴均未偏移
N20 M98 P11；	调用O0011子程序1次
N30 G10 L2 P0 X0 Z-26.；	在程序中设定EXT坐标系为X0 Z-26.，即Z轴偏移-26mm
N40 M98 P11；	调用O0011子程序1次
N50 G10 L2 P0 X0 Z-52.；	在程序中设定EXT坐标系为X0 Z-52.，即Z轴偏移-52mm
N60 M98 P11；	调用O0011子程序1次
M9；	
M5；	
G10 L2 P0 X0 Z0；	别忘记恢复原来EXT坐标系里的值

1

M30；

参考子程序如下：

O0011；

T101 M3 S900；	换上外圆车刀
G0 X32. Z60. M8；	定位到中间点，打开切削液
Z0；	定位到平端面的起点
G1 X11. F0.16；	平端面
G0 X21. Z1.；	退刀，准备粗车台阶
G1 Z-14.4 F0.18；	粗车台阶
G0 U1. Z1.；	退刀
X16.75；	定位到倒角的起点
G1 X19.95 Z-0.6 F0.1；	倒角0.6mm
Z-14.5 F0.15；	车到台阶位置
X22.9；	
X23.9 W-0.5；	倒角0.5mm
Z-26.；	多车了3.5mm，给切断刀留出工作面
G0 X60. Z100.；	退刀
T202 M3 S600；	换上小内孔车刀，刀尖伸出刀架30mm
G0 X16.1 Z50.；	定位到中间点
Z1.；	定位到内孔倒角的起点
G1 X13.1 Z-0.5 F0.1；	内孔倒角0.5mm
Z-24. F0.15；	车内孔
G0 U-1. Z1.；	退刀到孔口；孔小，径向退一点就行
X60. Z100.；	退刀到安全位置
T303 M3 S600；	换上切断刀，切削刃宽3mm，左刀尖为刀位点
G0 X26. Z60.；	定位到中间点
Z2.；	接近工件
Z-25.5；	定位到切断位置
G1 X11. F0.12；	切断
G0 X30.；	退刀，脱离工件
X80. Z120.；	退刀到换刀点
T101；	换上程序中的第一把刀
M99；	返回主程序

细节提示：

1）实现类似的加工轨迹的编程方法还有多种：设定3个不同的坐标系，每把刀调用3个不同的偏置值，用G50、G52指令等，读者可以根据实际情况选择使用。

2）在加工长棒料时，应优先选用与工件接触面积大、接触长度长的一副卡爪，以保证足够的夹紧力，避免强力切削时工件沿轴向位移。

3）在一个主程序中，如果需要多次调用同一个子程序加工多个工件时，主轴只需起停一次即可，因此在子程序的M99前不需要编写M5。

例**1-2** 小轴的加工（长棒料加工成小件，下料时的计算）。

小轴零件如图1-2所示。该零件的毛坯是ϕ40mm、长度为几米的棒料，材料为45钢，试编写其加工程序。

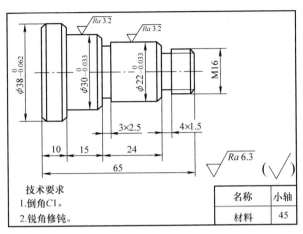

图1-2 小轴零件

工艺及数学分析：

毛坯是ϕ40mm、长度为几米的棒料，无法夹持。用切割机或带锯下料时要注意，下料的长度为：（精加工尺寸长度 + 切断刀刃宽 +0.5 ～1mm 的两端平面余量）的整数倍 + 最后一个工件在卡爪端面内的夹持长度 +4 ～6mm，这样才能不浪费材料。装夹时以主轴孔末端伸出卡盘不长为宜，如有需要，可以在主轴孔末端塞紧一个木制或尼龙制塞子，中间有孔刚好能让棒料顺利通过。装夹时工件伸出卡盘端面73 ～75mm 长，夹紧、加工完一个工件之后，松开卡爪，用钢直尺或左端在0 位剪齐的钢卷尺段对照着去装夹工件，在夹紧时需要再次测量一下，以避免在工件倾斜于主轴孔的情况下，夹紧时工件位移带来误差。伸出卡盘的长度要和下个班交接好，以免碰撞或欠切。

这个小轴加工起来是很简单的，参考程序如下：

O0010；	
G99 G97 M3 S800 T101；	采用旋转进给，恒转速为800r/min，1 号刀为93°外圆车刀
G0 X45. Z2. M8；	定位到工件外且距离较近的中间点，开切削液
Z0；	定位到平端面的起点
G1 X – 2. F0.15；	平端面
G0 X40. Z1.；	定位到G71 指令循环的起点
G71 U2. R0.5 F0.22；	粗车背吃刀量2mm，退刀量0.5mm，进给量0.22mm/r
G71 P1 Q2 U0.8 W0.1；	N1 ～N2 之间的程序段群属于这个循环，精加工余量为：X 轴直径值0.8mm，Z 轴0.1mm
N1 G0 X10.8；	移动到倒角的延长线上
G1 X15.8 Z – 1.5 S1200 F0.15；	延长线倒角，此时X 轴移动了15.8mm – 10.8mm =5mm，Z 轴移动了 – 1.5mm – 1mm = – 2.5mm，X 轴直径值的变化量是Z 轴变化量的 – 2 倍，恰好是45°倒角，倒角值为1.5mm，略大于螺纹牙高1.3mm 即可；给定精加工的转速、进给量

3

Z – 16. ；	
X20. ；	
X21. 99 W – 1. ；	切削到轴的尺寸公差带的中间值或略大，倒角 1mm
Z – 40. ；	
X28. ；	
X29. 99 W – 1. ；	切削到轴的尺寸公差带的中间值或略大，倒角 1mm
Z – 55. ；	
X36. ；	
X37. 97 W – 1. ；	切削到轴的尺寸公差带的中间值或略大，倒角 1mm
N2 Z – 70. ；	多加工 5mm，给切断刀留下较好的作业面，不容易打刀
G0 X100. Z150. ；	退刀到安全点
M3 S1200 T202；	换上精车刀
G0 X40. Z1. ；	精车刀要定位到 G71 指令之前的定位点，否则轨迹就会平移
G70 P1 Q2；	精加工时执行 N1 ~ N2 程序段之间指定的"S1200 F0. 15"
T303 M3 S550；	换上车槽刀，切削刃宽 3mm
G0 X18. Z2. ；	定位到工件外且距离较近的中间点
Z – 15. ；	移动到退刀槽右侧的上方
G1 X12. 8 F0. 1；	车退刀槽，图样中"4×1.5"是"槽宽×槽深"，槽深略大于螺纹牙高即可
G0 X23. ；	车到槽底后，直接退 X 轴到安全点
Z – 16. ；	再移动 Z 轴，到退刀槽左侧的上方
G1 X12. 8 F0. 1；	车退刀槽第二刀，切槽时进给量较小
G0 X32. ；	退刀
Z – 40. ；	定位到第二个槽上
G1 X17. F0. 1；	车到槽底
G0 X23. ；	退刀
Z – 38. 8；	移动到倒角的延长线上
G1 X20. 8 Z – 39. 9 F0. 1；	倒角 1.1mm，槽口向右侧扩大了 0.1mm
X17. ；	切到槽底
G0 X100. ；	先沿 X 轴退刀
Z150. ；	再退 Z 轴
T404 M3 S900；	在安全位置换上螺纹车刀
G0 X20. Z5. ；	定位到螺纹切削起点，Z 轴定位点在 2 倍导程外
G92 X14. 8 Z – 13. 5 F2. ；	螺纹切削第一刀，背吃刀量 0.5mm
X14. 2；	螺纹切削第二刀，背吃刀量 0.3mm
X13. 7；	螺纹切削第三刀，背吃刀量 0.25mm
X13. 4；	螺纹切削第四刀，背吃刀量 0.15mm
X13. 4；	螺纹切削第五刀，背吃刀量为 0，光一刀
G0 X100. Z120. ；	从螺纹切削起点 X20. Z5. 退刀到安全位置 X100. Z120.
T303 M3 S500；	再次换上车槽刀

G0 X40. Z2. ;	定位到工件外且距离较近的中间点
Z－69. ;	定位到工件左侧 1mm，为便于排屑，以下刀路采用交错进刀
G1 X30. F0. 1 ;	切削
G0 X40. ;	退刀
Z－65. 7 ;	定位到倒角的延长线上
G1 X35. Z－68. 2 F0. 1 ;	倒角 1.5mm，给工件左侧平端面时留了 0.2mm 的余量
X20. ;	切削
G0 X32. ;	退刀
W－0. 6 ;	定位，和上次切削的 Z 坐标值错开 0.2mm
G1 X10. F0. 08 ;	切削，降低进给量
G0 X22. ;	退刀
W0. 4 ;	定位，和上次切削的 Z 坐标值错开 0.2mm
G1 X3. F0. 08 ;	切削，留一点量，用手掰断
G0 X50. M9 ;	刀具沿 X 轴退刀，脱离工件，关闭切削液
M5 ;	主轴停
G0 X100. Z200. ;	两轴联动定位到安全位置
T101 ;	换上程序中的第一把刀，也可以编写为 T100
M30 ;	程序结束，复位

批量加工后，再批量倒角、平端面即可。

例 1-3 三角形螺纹轴的加工（1）（锥度相关的计算）。

如图 1-3 所示，该工件毛坯尺寸为 $\phi65\text{mm} \times 145\text{mm}$，材料为 45 钢，试编写其加工程序。

工艺分析：

夹持右端，工件伸出卡盘长 62～65mm，加工至 $\phi60_{-0.03}^{0}\text{mm}$ 段的右端并延长一段距离，然后调头装夹，垫上铜皮半夹紧 $\phi40_{-0.05}^{0}\text{mm}$ 处，使用磁性表座夹紧百分表测量，表头指向已经加工过的、远离卡爪的一端，使跳动量在 0.02mm 以内，再夹紧；先用 1 号刀平一下端面，测量一下，保证总长为 142mm；加工右端时，把锥度向 Z 轴负方向延长一段距离。这样就把左右两端的接头留在了 $\phi60_{-0.03}^{0}\text{mm}$ 段和锥度的交界处。

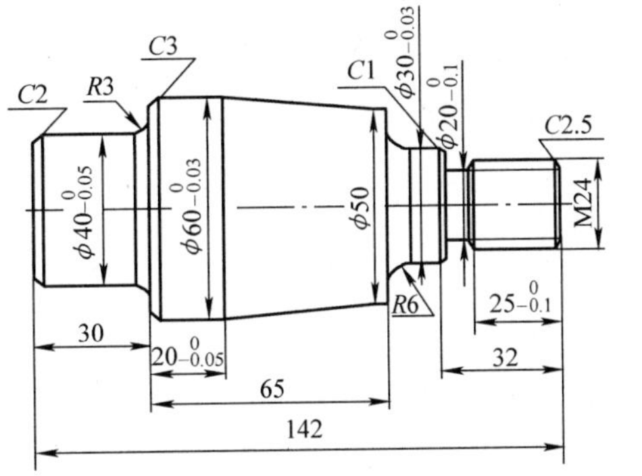

参考程序如下：

O0100 ;	
G99 G97 M3 S700 T101 ;	换上外圆粗车刀
G0 X100. Z100. M8 ;	定位到中间点，打开切削液

图 1-3 三角形螺纹轴

技术要求

1. 未注倒角 C0.5。
2. 严禁用锉刀、砂布修饰加工表面。
3. 未注形状公差应符合 GB/T 1184—1996 的要求。

$\sqrt{Ra\ 1.6}$

X72. Z3. ；	接近工件
G1 Z0 F0. 5 ；	切削到平端面的起点
X − 2. F0. 2 ；	平端面
G0 X65. Z1. ；	定位到 G71 指令粗车循环的起点
G71 U2. 5 R0. 5 ；	给定粗车时的背吃刀量、退刀量
G71 P1 Q2 U1. W0. 1 F0. 22 ；	给定精车时的余量、粗车时的进给量
N1 G0 X34. ；	定位到倒角的延长线上
G1 X39. 97 Z − 2. F0. 15 S1000 ；	倒角；给定精加工时的进给量、转速
Z − 27. ；	
G2 U6. W − 3. R3. ；	倒圆角
G1 X54. ；	
X59. 99 W − 3. ；	倒角，切削到公差带的中间值
N2 Z − 57. ；	$\phi 60\,^{\ 0}_{-0.03}$ mm 段的轴向尺寸延长了 7mm
G0 Z200. ；	退刀到安全位置
T202 M3 S1000 ；	换上外圆精车刀
G0 X65. Z60. ；	定位到中间点
Z1. ；	定位到 G71 指令粗车循环的起点上
G70 P1 Q2 ；	精车循环
G0 Z20. M9 ；	刀具刚脱离工件就关闭切削液
X100. Z200. M5 ；	退刀到安全位置，停止主轴
T101 ；	换上加工另一端的第一把刀，外圆粗车刀
M0 ；	程序准确停止，调头装夹
M3 S700 T121 ；	调用外圆粗车刀的另一个偏置值
G0 X72. Z60. M8 ；	定位到中间点的同时，打开切削液
Z3. ；	接近工件
G1 Z0 F0. 5 ；	车削到平端面的起点
X − 2. F0. 2 ；	平端面
G0 X65. Z1. ；	定位到 G71 指令粗车循环的起点
G71 U2. 5 R0. 5 ；	给定粗车时的背吃刀量、退刀量
G71 P3 Q4 U1. W0. 1 F0. 22 ；	给定精车时的余量、粗车时的进给量
N3 G0 G42 X16. 7 ；	定位到倒角延长线起点的同时，执行刀尖半径右补偿
G1 X23. 7 Z − 2. 5 F0. 18 S1000 ；	倒角，给定精加工时的进给量、转速
Z − 32. ；	
X28. ；	
X29. 99 W − 1. ；	倒角 1mm；切削到公差带的中间值
Z − 41. ；	
G2 U12. Z − 47. R6. ；	倒圆角
G1 X48. 91 ；	切削到倒角的起点
X50. 11 Z − 47. 54 ；	倒角 0.54mm，按照锥度比 1:4.5，直径值变大了 0.12mm
X60. 59 Z − 94. 7 ；	切削锥度，Z 轴延长了 2.7mm，按照锥度比 1:4.5，直径值变大了 0.6mm

N4 G40 W – 1.5;	在向左移动 1.5mm 的同时取消刀尖半径补偿
G0 Z200.;	退刀到安全位置
T222 M3 S1000;	换上外圆精车刀,调用另一个偏置值
G0 X65. Z60.;	定位到中间点
Z1.;	定位到 G71 指令尺寸循环的起点
G70 P3 Q4;	精加工循环
G0 Z200.;	退刀
T303 M3 S600;	换上车槽刀
G0 X32. Z60.;	定位到中间点
Z2.;	先定位到接近工件的位置
Z – 32.;	再定位到槽左侧的上方
G1 X25. F0.2;	空切削时的进给量大一点
X19.95 F0.1;	切削到槽底
G4 P120;	在槽底停留 0.12s,600r/min 时暂停 1.2 圈
G0 X26.;	先沿 X 轴退刀
W3.05;	再定位到槽右侧的上方
G1 X19.95 F0.1;	切削到槽底
G4 P120;	在槽底停留 0.12s,600r/min 时暂停 1.2 圈
G0 X30.;	沿 X 轴退刀
Z200.;	退刀到安全位置
T404 M3 S900;	换上外螺纹车刀,转速适当提高
G0 X28. Z60.;	定位到中间点
Z8.;	定位到螺纹加工起点
G92 X22.5 Z – 29. F3.;	螺纹加工第一刀,背吃刀量 0.6mm
X21.5;	螺纹加工第二刀,背吃刀量 0.5mm
X20.7;	螺纹加工第三刀,背吃刀量 0.4mm
X20.2;	螺纹加工第四刀,背吃刀量 0.25mm
X20.1;	螺纹加工第五刀,背吃刀量 0.05mm
G0 Z20. M9;	刀具刚脱离工件就关闭切削液
M5;	随后停止主轴
X100. Z200.;	退刀到安全位置
T100;	只是换上程序中的第一把刀,有无偏置值号都可以
M30;	

瑕疵品分析及处理:

1)$\phi 60_{-0.03}^{0}$mm 段右端圆周截面上相差 180° 的地方,相交线的轴向位置不一样。这是由于装夹时的同轴度误差造成的。应使用磁性表座夹紧指示表测量,表头指向已经加工过的、远离卡爪的一端,使跳动量在 0.02mm 以内。

2)$\phi 60_{-0.03}^{0}$mm 段的轴向尺寸 $20_{-0.05}^{0}$mm 超差:应按照 1:4.5 的锥度比调整右端精车刀的偏置值,比如实测尺寸为 20.5mm,大了 0.45mm,则按照比例关系,应该把精车刀 X 向直径值的偏置值调小 0.1mm,但同时应该考虑 $\phi 30_{-0.03}^{0}$mm 的尺寸是否在公差范围内。如果不在公差范围内,应把程序中的 X 坐标值做相应的微调。

例1-4　三角形螺纹轴的加工（2）（勾股定理的应用）。

如图1-4所示，该工件毛坯为$\phi50\text{mm} \times 100\text{mm}$，材料为45钢，试编写其加工程序。

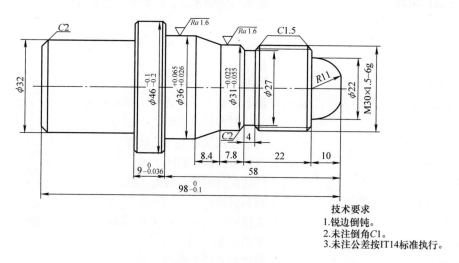

图1-4　三角形螺纹轴

数学分析：

图样左端的直径尺寸，由勾股定理可以算出，坐标为$2 \times \sqrt{11^2 - 10^2}\,\text{mm} = 9.165\,\text{mm}$。

工艺分析：

先加工左端，超越$\phi46_{-0.2}^{-0.1}\text{mm}$尺寸段右端一段距离，然后调头装夹，夹持$\phi32\text{mm}$处，卡爪端面靠紧$\phi46_{-0.2}^{-0.1}\text{mm}$尺寸段左端，加工右端。

参考程序如下：

O1070；	
G97 G99 M3 S800 T101；	换上外圆粗车刀
G0 X100. Z100. M8；	定位到中间点，打开切削液
X56. Z3. ；	接近工件
G1 Z0 F0.5；	切削到平端面的起点
X – 2. F0.2；	平端面
G0 X50. Z1. ；	定位到G71指令粗车循环的起点
G71 U2. R0.5；	设定粗车循环的背吃刀量、退刀量
G71 P1 Q2 U1. W0.1 F0.22；	设定精车时的余量、粗车的进给量
N1 G0 X26. ；	定位到倒角的延长线上
G1 X31.95 Z – 2. S1000 F0.18；	倒角2mm；设定精车时的转速、进给量
Z – 31.07；	依尺寸链计算，切削到公差带的中间值
X43.85；	倒角的起点
X45.85 W – 1. ；	切削到公差带的中间值
N2 Z – 55. ；	延长了15mm
G0 X100. Z150. ；	退刀
T202 M3 S1000；	换上外圆精车刀

G0 X50. Z60. ;	定位到中间点
Z1. ;	定位到 G71 指令的起点
G70 P1 Q2 ;	精车循环
G0 Z20. M9 ;	刀具刚脱离工件就关闭切削液
M5 ;	主轴停止
G0 X200. Z200. ;	退刀
T101 ;	换上加工右端的第一把刀
M0 ;	程序准确停止，调头装夹，指示表打在已加工过的靠右的表面上，调整使跳动量在 0.02mm 内
T121 M3 S800 ;	外圆粗车刀，调用另一个偏置值
G0 X56. Z60. M8 ;	定位到中间点，打开切削液
Z3. ;	接近工件
G1 Z0 F0.5 ;	切削到端面外
X – 2. F0. 2 ;	平端面
G0 X50. Z1. ;	定位到 G71 指令粗车循环的起点
G71 U2. R0. 5 ;	设定粗车循环时的背吃刀量、退刀量
G71 P3 Q4 U1. W0. 1 F0. 22 ;	设定精车时的余量、粗车进给量
N3 G0 G42 X9.165 ;	定位到圆弧起点外，建立刀尖半径补偿
G1 Z0 F0.18 S1000 ;	切削到圆弧的起点；设定精车时的转速、进给量
G3 X22. Z – 10. R11. ;	圆弧切削
G1 X26. 8 ;	
X29. 8 W – 1. 5 ;	倒角 1. 5mm
Z – 32. ;	切削到螺纹大径
X30. 962 ;	切削到公差带的中间值
W – 7. 8 ;	
X36. 045 W – 8. 4 ;	锥度切削，切削到公差带的中间值
Z – 58. ;	
X43. 85 ;	
U4. W – 2. ;	倒角 1mm，延长了 1mm
N4 G40 W – 1. ;	延长了 1mm，取消刀尖半径补偿
G0 X100. Z150. ;	退刀
T222 M3 S1000 ;	换上外圆精车刀，调用另一个偏置值
G0 X50. Z60. ;	
Z1. ;	定位到 G71 指令的起点
G70 P3 Q4 ;	精车
G0 X100. Z150. ;	退刀到安全位置
T303 M3 S600 ;	换上车槽刀，切削刃宽 4mm，左刀尖为刀位点
G0 X32. Z60. ;	定位到中间点
Z1. ;	接近工件
Z – 32. ;	定位到槽的正上方
G1 X27. F0. 1 ;	以较小的进给，切削到槽底

G4 P120;	暂停0.12s，主轴转了1.2圈
G0 X33.;	退刀
W-3.;	定位到倒角的起点
G1 X27. W3.;	倒角2mm
G0 X32.;	退刀
W2.5;	定位到倒角的起点
G1 X27. W-2.5;	倒角1.5mm
G0 X60.;	先沿 X 轴退刀
Z150.;	再沿 Z 轴退刀到安全位置
T404 M3 S900;	换上外螺纹车刀
G0 X32. Z60.;	定位到中间点
G92 X29. Z-29.5 F1.5;	螺纹切削第一刀，背吃刀量0.4mm
X28.5;	螺纹切削第二刀，背吃刀量0.25mm
X28.2;	螺纹切削第三刀，背吃刀量0.15mm
X28.05;	螺纹切削第四刀，背吃刀量0.075mm
G0 Z20. M9;	刀具刚脱离工件，就关闭切削液
M5;	主轴停止
G0 X150. Z200.;	再移动刀具到安全位置
T101;	换上程序中的第一把刀；在这里换刀是为了提高加工效率
M30;	

答疑解惑：

数控车床上有主轴编码器，能保证多次切削时从同一个角度切入工件，进刀和退刀全部由计算机控制，快速移动速度大，效率是普通车床车螺纹的数倍甚至几十倍。

有一些操作过普通车床的操作工提出一个问题，普通车床上车外螺纹，计算牙高都按$(0.58 \sim 0.60) P$，有的粗活甚至按$0.55P$，为什么数控车床用$0.65P$？这是因为两者的计算起点不同。在车削外螺纹时，由于车刀的挤压作用，尺寸会变大，所以外螺纹大径比公称直径略小$(0.1 \sim 0.13) P$。数控车床在车削外螺纹时，小径的计算起点是外螺纹的公称直径，所以是按照$0.65P$计算牙高；普通车床在车削外螺纹时，是用螺纹车刀尖对在已经加工过的螺纹大径上，以此为起点去计算所需要车削的深度，计算的起点不是外螺纹的公称直径，所以牙高必然略小于$0.65P$。

因两者的计算起点不同，所以看起来牙高有差别，其实牙高都是一样的。

例1-5 法兰盘的加工（三角函数的应用）。

如图1-5所示，该工件毛坯为铸钢件，内孔和外圆各留有$2 \sim 3$mm余量，试编写其加工程序。

数学分析：

该图样上有一处60°的锥度，尺寸按照公差带的中间值，根据三角函数，很容易计算出其 X 轴直径坐标值为$166.875 + 2\tan(60°/2) \times (30 - 25.05) = 172.591$。

从左端面向外1.5mm处延长线倒角，其 X 轴直径坐标值为$166.875 - 2\tan(60°/2) \times 1.5 = 165.143$。

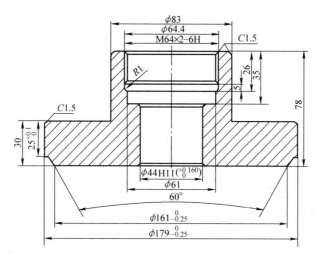

图 1-5　盘类件

工艺分析：

类似这种工件，先加工左端还是先加工右端，要看工件上的基准面是哪里，其余的重要尺寸（如带有公差的孔）和基准面的几何公差（同轴度、垂直度等）是如何规定的。在加工之前，必要时可以在卡爪内夹紧一个直径略小的轴类工件，把卡爪车出一个台阶，并扫一刀卡爪端面，以保证满足工件上的几何公差要求。

如果 $\phi 44H11$ 的孔和 $\phi 83mm$ 的轴有较高的同轴度要求，就要求两者在一次装夹中加工出来。在卡爪上车好深 15mm、高度为 2~3mm 的台阶。在装夹左端时，卡爪和工件的接触处要注意避开缺损、凸起等材料缺陷。加工完右端及内孔后，垫上铜皮夹紧 $\phi 83mm$ 处，再加工左端。

右端参考程序如下：

O0094；	
G97 G99 M3 S400 T101；	T101 为外圆车刀
G0 X186. Z5. M8；	定位到中间点的同时，打开切削液
Z-43.；	距离工件有一定的距离，避免碰撞
G1 Z-47.8 F0.4；	和最终轴向尺寸留有 0.2mm 余量
X88. F0.2；	先加工这个面，在转速较慢的时候能看出来该平面是否有缺肉等缺陷；如果有缺陷，及时复位，调整 EXT 坐标系的 Z 值，退刀之后从程序开头再次加工；加工完这个工件之后，别忘记了调整过来；如果有较多的工件的这个面加工不出来，就调整加工右端的所有刀具的 Z 轴偏置值向 -Z 方向移动一定的距离
G0 U2. Z0；	退刀，定位到工件右端外，平端面的起点
G1 X38.；	平端面
G0 X77.9 Z1.；	准备倒角
G1 X82.9 Z-1.5；	倒角，"孔大轴小"，未注公差的轴加工得略小
Z-48.；	加工到轴向尺寸
X175.；	切削到倒角的起点，倒角略大一点，接近 2×45°
U6. W-3.；	倒角，大一点的倒角有利于调头装夹时加工 $\phi 179mm$ 尺寸

G0 Z300. ;	退刀
T202 M3 S550；	内孔粗车刀，伸出刀架 85mm 长
G0 X40. Z50. ;	定位到工件上的孔口外
Z1. ;	靠近工件
G71 U2. R0.5 ;	加工内孔，设定背吃刀量 2mm，退刀量 0.5mm
G71 P1 Q2 U－1. W0.1 F0.2 ；	设定精加工余量 1mm
N1 G0 X67. ;	定位到倒角的延长线上
G1 X62. Z－1.5 F0.16 S700；	M64×2 内螺纹的底孔直径为 62mm；设定精加工进给量、转速
Z－25. ;	
X61.1 ；	"孔大轴小"，未注公差的孔的尺寸加工得略大
Z－36. ;	
X46. ;	
X44.08 W－1. ;	倒角；有公差的内孔，孔径切削到公差带的中间值
N2 Z－79. ;	加工到孔的尽头，延长了 1mm
G0 Z300. ;	退刀
T303 M3 S700；	换上内孔精车刀
G0 X40. Z50. ;	定位到工件上的孔口外
Z1. ;	靠近工件
G70 P1 Q2 ；	精加工内孔
G0 Z300. ;	退刀
T404 M3 S550；	换上内车槽刀，切削刃宽 4mm
G0 X60. Z50. ;	定位到工件上的孔口外
Z2. ;	靠近工件
Z－24. ;	再定位到接近槽的深处
G1 Z－25. F0.2 ；	进给到槽的位置
X64.4 F0.12 ；	加工槽，进给量小一些
G0 X60. ;	退刀
Z－26. ;	定位到槽左端的上方
G1 X62.4 ；	注意，这里还有一段线段
G2 U2. W1. R1. ;	加工圆弧
G0 X59. ;	退刀
Z300. ;	退刀
T505 M3 S700；	换上内螺纹车刀
G0 X58. Z50. ;	定位
Z6. ;	定位到接近工件的位置上，距离工件螺纹起点 2 倍导程外
G92 X63. Z－23. F2. ;	螺纹加工第一刀，背吃刀量 0.5mm
X63.6 ；	螺纹加工第二刀，背吃刀量 0.3mm
X63.9 ；	螺纹加工第三刀，背吃刀量 0.15mm
X64. ;	螺纹加工第四刀，背吃刀量 0.05mm
G0 Z20. M9；	刀具脱离工件一定距离，停切削液

X200. Z200. M5 ;	退刀到安全点，停主轴
T101 ;	换上程序中的第一把刀
M30 ;	

左端参考程序如下：

O0096 ;	
G97 G99 M3 S400 T121 ;	换上外圆车刀，调用另一个偏置值
G0 X186. Z50. M8 ;	定位到中间点的同时，打开切削液
Z2. ;	接近工件
G1 Z0 F0. 5 ;	切削到端面的起点
X42. F0. 2 ;	平端面
G0 X165. 143 Z3. ;	定位到工件外，准备刀尖半径补偿
G42 Z1. 5 ;	定位到图样中端面的延长线上，进入刀尖半径补偿，此时，刀具移动了1.5mm，大于刀尖半径值
G1 X172. 591 Z – 4. 95 F0. 1 ;	锥度加工，圆锥角为60°；线速度较大，进给量较小，可以获得较好的表面粗糙度
X178. 875 ;	尺寸编到公差带的中间值，此时线速度 > 224m/min
Z – 29. 4 F0. 16 ;	切削到这里，就能和倒角那里接头了
G40 U4. ;	退刀，取消刀尖半径补偿
G0 Z300. ;	退刀
T222 M3 S600 ;	换上内孔粗车刀，调用另一个偏置值
G0 X48. Z50. ;	定位到中间点
Z1. ;	接近工件
G1 X42. Z – 2. F0. 15 ;	倒角1mm
G0 Z20. M9 ;	脱离工件，关闭切削液
M5 ;	停止主轴
Z300. ;	退刀
T121 ;	换上程序中的第一把刀，有无偏置值号都可
M30 ;	

例 1-6 酒杯形状零件的加工（G71 指令定位点的注意事项）。

如图 1-6 所示，有一个酒杯形状的工艺品工件需要加工，材料为铝，外轮廓已经加工好，现在需要加工内轮廓。事先，已经用 φ16mm 钻头钻到了预定的深度，试编写其加工程序。

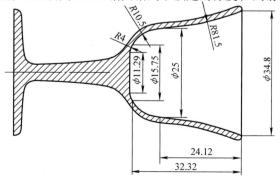

图 1-6 酒杯形状零件

工艺分析:

夹持住杯脚的左边,用内孔车刀加工酒杯内壁,加工完之后切断即可。

程序如下:

O0023;	
G99 G97 M3 S500 T101;	换上内孔粗车刀
G0 X100. Z100. M8;	定位到中间点,打开切削液
N1 X16.5 Z1.;	定位到孔口外
G71 U1. R0.5 F0.18;	给定粗加工时的背吃刀量、退刀量;给定粗加工时的进给量
G71 P2 Q4 U−0.5 W0.1;	给定精加工余量,内孔的余量用负值
N2 G0 X34.8;	接近孔口
G1 Z0 F0.12 S600;	接触精加工轨迹的起点
G2 X25. Z−24.12 R81.5;	
G3 X15.75 Z−32.32 R10.5;	
N3 G3 X11.29 Z−33. R4.;	
N4 G1 X16.;	
G0 X100. Z100.;	退刀到安全位置
M3 S600 T202;	换上内孔精车刀
G0 X16. Z1.;	定位到G71指令的原定位点上
G70 P2 Q4;	精车
G0 Z20. M9;	脱离工件,关闭切削液
M5;	主轴停止
X100. Z100.;	退刀到安全位置
T101;	换上程序中的第一把刀
M30;	

程序这么编写,不报警就不正常了。首先,N2~N4之间的程序段群不是单调变化;其次,N1这里G71指令定位点的 X 坐标值比N2~N4程序段群中末尾程序段的 X 坐标值大。不要认为孔钻多大,定位点的 X 值就取多大,还要考虑到与N2~N4程序段群中末尾程序段的 X 坐标值的大小关系。

修改后的参考程序如下:

......

G0 X100. Z100. M8;

N1 X11. Z1.;

G71 U1. R0.5 F0.18;

G71 P2 Q4 U−0.5 W0.1;

N2 G0 X34.8;

G1 Z0 F0.12 S600;

G2 X25. Z−24.12 R81.5;

G3 X15.75 Z−32.32 R10.5;

N3 G3 X11.29 Z−33. R4.;

N4 G1 X11.1;

G0 X100. Z100. ；

M3 S600 T202；

G0 X11. Z1. ；

G70 P2 Q4；

……

这么修改之后，前两刀空走是正常的，但不会报警；当然，需要最小加工尺寸为 $\phi10 \sim$ $\phi11$mm 的刀杆去加工。

细节提示：

要深刻理解 G71 ~ G73 指令切削循环的定位点和循环所包括的程序段群中最后一段程序的坐标位置之间的关系，不要连什么原因导致的报警都检查不出来。

例 1-7 锥齿轮坯的加工（三角函数的应用）。

如图 1-7 所示，该工件的毛坯为 $\phi65$mm×45mm，材料为 45 钢，试编写其加工程序。

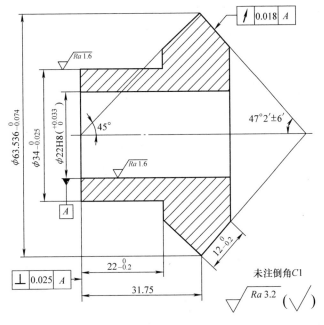

图 1-7 锥齿轮坯

数学分析：

该图标注尺寸为 $22_{-0.2}^{\ 0}$mm 处，按公差带的中间值 21.90mm 计算，该位置对应的径向尺寸为 2×21.90mm $\times \tan45° = 43.80$mm。

右端 $12_{-0.2}^{\ 0}$mm 对应的轴向长度为 11.90mm $\times \cos47.0333° = 8.111$mm，所以该工件的总长为 31.75mm + 8.111mm = 39.861mm；工件右端的直径值为 63.50mm $- 2 \times 11.90$mm $\times \sin47.0333° = $ 46.084mm；工件的最大直径处，按公差带的中间值为 $\phi63.50$mm。

工艺分析：

先钻中心孔，然后用 $\phi20$mm 的钻头钻通孔，加工一批。然后夹持右端 10mm 长处，工件伸出卡爪面 35mm，把多余的轴向余量放在右端加工，平左端面后，粗加工外圆，精加工内孔。

调头装夹，用外圆刀扫一下端面，测量工件保证总长 39.86mm，分 2～3 次平右端面，然后粗精加工锥度，内孔倒角。

钻头装夹时的注意事项：

在调整好的尾座上装夹钻头钻孔，技术难度较低，但每次钻孔后都要缩回套筒，有时还需要取下钻头，辅助时间较长，效率低。

用自制的简易工装在 4 工位刀架上装夹钻头钻孔，效率较高，但对钻头的装夹技术要求也较高。工装紧固后，对钻头轴线和主轴旋转中心的重合度都有较高要求。尤其是在加工较深的孔时，如果钻头装夹不正确，会导致切削时噪声大，钻孔后孔径偏大，孔壁表面粗糙度值大，切屑不容易排出，严重时可能导致钻头折断。

除此之外，对钻头刃磨时两条切削刃沿轴线的对称度也有较高要求：若不对称，长的切削刃参与主要切削，排出卷屑；而短的切削刃只能排出碎屑。麻花钻出厂时顶角 $2\phi = 118° \pm 2°$，钻削软料时，顶角可以刃磨得小一些：木材，70°；铝合金，105° ± 15°。钻削硬料时，顶角可以刃磨得大一些：硬铸铁，127° ± 8°；铸钢 140° ± 10°。

1）钻头轴线中心高度的测量：在夹紧工装后，用高度尺从滑板平面处测量至刃带的最高点处，高度为：滑板平面到旋转中心的高度 + 钻头半径，钻头尾部和头部的高度应一致。

2）钻头轴线与主轴旋转中心重合的对刀方法：用外圆刀加工一段外圆，其长度比钻头伸出工装的长度略长，半夹紧工装，让钻头靠近这段外圆，在穿过间隙且垂直于 ZX 平面的视角上，观察并调整，使钻头头部、尾部刃带处与加工过的外圆的间隙相等，且为 0.2～0.4mm。此时，钻头轴线所在的直径位置为：外圆直径 + 钻头直径 + 2 倍间隙，输入偏置号中即可。注意，眼睛要垂直于 ZX 平面观察间隙，不要倾斜，必要时可以在下面放一张白纸，利用黑白颜色差异，便于观察。

参考程序如下：

O0026;	
G99 G97 M3 S800 T101;	换上外圆粗车刀
G0 X100. Z100. M8;	定位到中间点，打开切削液
X72. Z2. ;	接近工件
G1 Z0 F0.5;	切削到到平端面的起点
X18. F0.2;	平端面
G0 X65. Z1. ;	定位到粗车循环的起点
G71 U2. R0.5;	设定粗车循环的背吃刀量、退刀量
G71 P1 Q2 U1. W0.1 F0.22;	设定精加工余量、粗车进给量
N1 G0 X30. ;	定位到倒角的起点
G1 X33.99 Z–1. S1200 F0.16;	倒角 1mm；切削到公差带的中间值；设定精车时的转速、进给量
Z–21.9;	车外圆
X43.8;	车削到锥度的起点
N2 X64.5 Z–32.25;	车削锥度，轴向延长了 0.5mm，径向变化 2mm
G0 X100. Z150. ;	退刀到安全位置
T202 M3 S1200;	换上外圆精车刀
G0 X65. Z50. ;	定位到中间点
Z1. ;	定位到粗车循环的起点，也是精车循环的起点

G70 P1 Q2；	精车
G0 X100. Z150.；	退刀到安全位置
T303 M3 S600；	换上内孔车刀
G0 X26. Z60.；	定位到中间点
Z1.；	定位到倒角的起点，接近工件的位置
G1 X22. 02 Z-1. F0. 1；	倒角1mm
Z-41. F0. 16；	内孔车削，略微延长一些
G0 U-1. Z20. M9；	退刀到孔口，关闭切削液
M5；	主轴停止
X100. Z200.；	退刀到安全位置
T101；	换上加工另一端的第一把刀
M0；	程序准确停止，调头装夹
T121 M3 S800；	调用外圆粗车刀的另一个偏置值
G0 X72. Z60. M8；	定位到中间点，关闭切削液
Z5.；	接近工件
G1 Z2. F0. 5；	轴向的余量留在了右端，切削到平端面第一刀的起点
X18. F0. 2；	右端面切削第一刀
G0 X72. W1.；	退刀
G1 Z0 F0. 5；	切削到第二刀平端面的起点
X18. F0. 2；	右端面切削第二刀
G0 X66. Z1.；	定位到粗车循环的起点
G71 U2. R0. 5；	设定粗车循环的背吃刀量、退刀量
G71 P3 Q4 U1. W0. 1 F0. 22；	设定精加工余量、粗车进给量
N3 G0 X43. 937；	定位到 $Z=1$ 时锥度右端的延长线上，为 46.084mm - 2×1mm $\times \tan 47.0333° = 43.937$mm
N4 G1 X65. 218 Z-8. 911 F0. 16 S1200；	切削到轴向延长 0.8mm 时锥度左端的延长线上，为 63.5mm + 2×0.8mm $\times \tan 47.0333° = 65.218$mm
G0 X100. Z150.；	退刀
T222 M3 S1200；	换上外圆精车刀，调用另一个偏置值
G0 X66. Z60.；	定位到中间点
Z1.；	定位到循环的起点
G70 P3 Q4；	精车
G0 X100. Z150.；	退刀
T323 M3 S600；	换上内孔车刀，调用另一个偏置值
G0 X26. Z60.；	定位到中间点
Z1.；	定位到倒角的起点
G1 X20. Z-2. F0. 16；	倒角1mm
G0 Z20. M9；	刀具脱离工件，关闭切削液
M5；	主轴停止
X100. Z200.；	退刀到安全位置

T101;	换上程序中的第一把刀，编成 T100 不带偏置也可以
M30;	程序结束，光标返回程序开头，给工件计数器计数

例 1-8 葫芦形状工件的加工（G73 指令中 X 轴粗车退刀量的设定）。

如图 1-8 所示，该工件毛坯为 φ36mm × 1030mm，能加工 18 个工件，材料为 45 钢，试编写其加工程序。

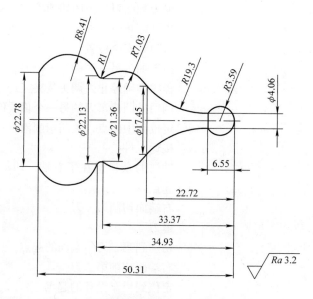

图 1-8　葫芦形状工件

工艺分析：

使工件伸出卡爪 58 ~ 60mm，夹紧。使用刀尖角度为 35°的尖刀，粗精加工，然后切断。

参考程序如下：

O0020;	
G99 G97 M3 S800 T101;	采用旋转进给，T101 是刀尖角度为 35°的尖刀，X 轴平分刀尖角度
G0 X100. Z100. M8;	到达中间点时，提前打开切削液
X38. Z1.;	到达 G73 指令的定位点
N1 G73 U15.47 W0.1 R13;	给定粗车总背吃刀量、粗车次数等切削参数信息
G73 P2 Q3 U1. W0.05 F0.18;	给定精加工余量、粗车进给量信息
N2 G0 X0;	
G1 Z0 S1200 F0.1;	给定精加工时的转速、进给量信息
G3 X4.06 Z – 6.55 R3.59;	
G2 X17.45 Z – 22.72 R19.3;	
G3 X21.36 Z – 33.37 R7.03;	
G2 X22.13 Z – 34.93 R1.;	
G3 X22.78 Z – 50.31 R8.41;	

N3 G1 W - 5. ;

G0 X100. Z150. ;　　　　　　　　退刀

T202 M3 S1200;　　　　　　　　换上精车刀

G0 X38. Z1. ;　　　　　　　　　移动到 G73 循环的定位点上

G70 P2 Q3;　　　　　　　　　　精加工, 此时在 N2 ~ N3 之间指定的 S、F 信息生效

G0 X60. Z20. M9;　　　　　　　从 X38. Z1. 退到 X60. Z20. ，关闭切削液

M5;　　　　　　　　　　　　　主轴停止

X100. Z200. ;　　　　　　　　退刀到安全位置

T101;　　　　　　　　　　　　换上程序中的第一把刀

M30;　　　　　　　　　　　　程序结束

细节提示:

N1 这个程序段里, 对这个工件来说, U 作为一个重要的参数, 其取值的正确与否关系到刀具和工件的安全! 该工件毛坯直径为 ϕ36mm, 精加工的最小直径尺寸为右端面的旋转中心 0, 但从最小的 0 到次小直径尺寸 ϕ4.06mm 为圆弧过渡, 两轴余量不大, 所以我们把次小直径尺寸列入计算, 两者直径的差为 31.94mm, 去掉 1mm 的精加工余量, 留给粗加工的半径值共剩余 15.47mm, 所以在 N1 这行程序里编写的是 "U15.47"; 刀具为尖刀, 强度较差, 分割为 13 次加工, 每次的背吃刀量为 1.19mm, 比较合理。

例 1-9 复合件的加工 (1) (圆弧相关的计算)。

如图 1-9 所示, 该工件毛坯尺寸为 ϕ40mm × 61mm, 材料为 45 钢, 试编写其加工程序。

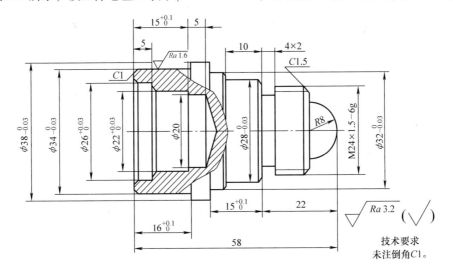

图 1-9　复合件

工艺分析:

图样上的轴和孔, 都是 0.03mm 的公差, 加工起来还是比较容易的。先加工左边、平端面、用油性笔在钻头上做记号、钻孔、车孔、粗精车外圆; 然后调头加工右边、粗精车外形、退刀槽、螺纹。

参考程序如下:

O0036;

G97 G99 M3 S550 T101;	内孔粗车刀伸出刀架 27~30mm 长，工件伸出卡盘 25~27mm 长
G0 X21. Z50. M8;	定位到中间点，打开切削液
Z1.;	接近工件，由于内孔结构简单，余量不大，所以没有用循环
G1 Z－14.9 F0.2;	粗加工，工件的 X 轴、Z 轴均留有余量
G0 U－1. Z1.;	退到孔口
X25.;	定位到下一刀的起点
G1 Z－4.9;	车内孔
G0 U－1. Z1.;	退到孔口
X150. Z150.;	退刀
M3 S550 T202;	换上内孔精车刀，伸出刀架 25~30mm 长
G0 X30. Z1.;	定位到接近工件的位置
G1 X26.015 Z－1. F0.15;	加工到公差带的中间值，精车时进给量较小
Z－5.;	
X24.;	
X22.015 W－1.;	加工到公差带的中间值
Z－15.05;	加工到公差带的中间值
X18.;	
G0 Z2.;	
X100. Z150.;	退刀
M3 S800 T303;	换外圆粗车刀
G0 X39. Z1.;	定位到接近工件的位置
G1 Z－23. F0.22;	切削第一刀
G0 U1. Z1.;	退刀
X35.;	定位到下一刀的起点
G1 Z－16.;	切削第二刀
G0 U1. Z200.;	退刀到安全位置
M3 S1000 T404;	换外圆精车刀
G0 X30. Z1.;	
G1 X33.985 Z－1. F0.15;	加工到公差带的中间值，倒角 1mm
Z－16.05;	加工到公差带的中间值
X36.;	
X37.985 W－1.;	加工到公差带的中间值，倒角 1mm
Z－23.;	
G0 U1. Z1. M9;	
M5;	
X100. Z150.;	退刀
T202;	换上粗车刀

M0；调头装夹，在 $\phi 34 ^{0}_{-0.03}$ mm 处垫上铜皮，半夹紧时打表测量 $\phi 38 ^{0}_{-0.03}$ mm 处，当跳动量在 0.02mm 以内时夹紧工件，夹紧后再测量一次。用 3 号刀轻轻平一下端面，测量 $\phi 38 ^{0}_{-0.03}$ mm 台阶左端处到右端面的距离为 41.95~42.00mm 时，在 21 号偏置号里输入 Z0，按［测量］软键；点 POS 键，找到绝对坐标，把此时的 X 轴的绝对坐标值输入 21 号偏置寄存器的 X 轴里。

T321 M3 S800;	调用粗车刀的另一个偏置值

G0 X44. Z3. M8;	定位到中间点
G1 Z0 F0.3;	
X - 2. F0.2;	平端面
G0 X40.5 Z1.;	定位点的 X 坐标值要比程序段群末尾 N2 程序段的 X 坐标值略大
G71 U2.5 R0.5 F0.22;	设定粗车循环的参数
G71 P1 Q2 U1. W0.1;	设定精加工余量
N1 G0 X0;	定位到精加工轨迹起点外
G1 Z0 F0.16 S1000;	切削到起点；设定精加工的进给量、转速
G3 X16. Z - 8. R8.;	
G1 X20.8;	
X23.8 W - 1.5;	
Z - 22.;	
X26.;	
X21.985 W - 1.;	切削到公差带的中间值，倒角 1mm
W - 9.;	
X30.;	
X31.985 W - 1.;	切削到公差带的中间值，倒角 1mm
W - 4.05;	
X36.;	
N2 X40. W - 2.;	倒角，延长了 1mm
G0 X100. Z200.;	退刀
T412 M3 S1000;	换上精车刀，调用另外一个偏置值
G0 X40.5 Z1.;	定位到原 G71 指令的起点
G70 P1 Q2;	精加工
G0 X100. Z200.;	退刀
M3 S500 T505;	换上车槽刀
G0 X29. Z2.;	定位到安全点
Z - 22.;	定位到槽的上方
G1 X20. F0.12;	车槽
G0 X100.;	
Z150.;	
T606 M3 S800;	换上外螺纹车刀
G0 X26. Z2.;	定位到接近工件的位置上
Z - 4.;	定位到螺纹的加工起点
G92 X22.9 Z - 20. F1.5;	螺纹加工第一刀，背吃刀量 0.45mm
X22.3;	螺纹加工第二刀，背吃刀量 0.3mm
X22.05;	螺纹加工第三刀，背吃刀量 0.075mm
X22.05;	螺纹加工第四刀，背吃刀量 0，光一刀
M9;	
G0 X150. Z300. M5;	
T101;	
M30;	

例 1-10 复合件的加工（2）（圆弧的疑惑）。

如图 1-10 所示，该工件毛坯尺寸为 $\phi 50\text{mm} \times 104\text{mm}$，材料为 45 钢，编写其加工程序。

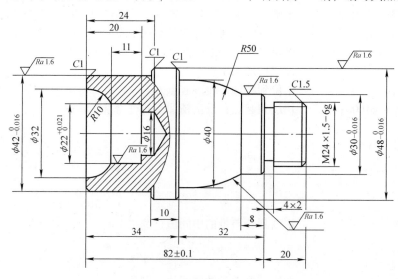

图 1-10　复合件

数学分析：

做学问，要在不疑处有疑，就像这里 $R10\text{mm}$ 圆弧的圆心一样。按照图 1-10 所示，孔口处 $\phi 32\text{mm}$ 尺寸无公差，加工尺寸为 $\phi 32.1\text{mm}$。设工件左侧的对称中心为零点，则圆心坐标为 $(32.1/2 - 10,\ 0)$。根据圆的方程和直线的方程的联立，有

$$\begin{cases} (X - 6.05)^2 + Z^2 = 10^2 \\ Z = 20 - 11 \end{cases}$$

解得 $X = 10.4089$，直径值取 20.818mm，并非是图样所标注的 $\phi 22^{+0.021}_{0}\text{mm}$，说明圆心不在左端面上。

已知圆弧上的两个端点，可以求出其中间点的坐标和直线的斜率，直线的中垂线和以两点中任一点为圆心、半径为 10mm 的圆的交点就是圆心坐标。

圆弧上两个端点的坐标为 $(16.05,\ 0)$、$(11.005,\ 9)$，则两点的中间点坐标为 $(13.5275,\ 4.5)$。其斜率 $k = (X_1 - X_2)/(Z_1 - Z_2) = (16.05 - 11.005)/(0 - 9) = -5.045/9$。设中垂线的斜率为 k_1，则 $kk_1 = -1$。所以 $k_1 = 9/5.045$。则中垂线的方程为

$$X - 13.5275 = 9(Z - 4.5)/5.045$$

将中垂线的方程和以 $(16.05,\ 0)$ 为圆心、半径为 10mm 的圆的方程联立，有

$$\begin{cases} (X - 16.05)^2 + Z^2 = 10^2 \\ X - 13.5275 = 9(Z - 4.5)/5.045 \end{cases}$$

解得 $Z = 0.311160158$。

把 Z 代入直线方程，解得 $X = 6.054842205$。

注意：圆心的 Z 坐标 > 0，刀具加工时无干涉。

工艺分析：

夹持右端，把 $\phi 16\text{mm}$ 钻头安装在尾座上，手动钻左端的孔，从钻肩处计算为 24mm 深，然后退钻头。加工完左端，再加工右端。

参考程序如下：

O0078；

G97 G99 M3 T101 S800；	外圆粗车刀，加工左端，工件伸出卡盘 37～39mm 长
G0 X100. Z100. M8；	定位到中间点，打开切削液
X56. Z0；	定位到端面的上方
G1 X14. F0.2；	平端面，加工到比钻头孔径略小的位置
G0 X43. Z1.；	移动到 $\phi42mm$ 的位置，留 1mm 加工余量
G1 Z−23.9 F0.22；	Z 向留 0.1mm 余量
X49.；	
Z−35.；	在台阶处多切出 1mm，避免调头装夹时留下接刀痕
G0 X150. Z150.；	退刀
T202 M3 S1000；	换上外圆精车刀，适当提高转速
G0 X100. Z100.；	定位到安全点
X38. Z1.；	定位到倒角的延长线上
G1 X41.992 Z−1. F0.1；	倒角，较小的进给
Z−24. F0.16；	切削 $\phi42_{-0.016}^{0}mm$ 轴
X46.；	
X47.992 W−1.；	倒角 1mm
Z−35.；	在台阶处多切出 1mm，避免调头装夹时留下接刀痕
G0 X150. Z150.；	退刀
T303 M3 S550；	换上内孔粗车刀，伸出刀架 25mm 长，较低的转速
G0 X100. Z100.；	定位到中间点
X15. Z1.；	定位到 G71 指令粗车循环的起点
G71 U1.5 R0.5；	给定背吃刀量，退刀量
G71 P1 Q2 U−1. W0.1 F0.2；	给定精加工余量，粗车时的进给量
N1 G0 X32.1；	图样中 $\phi32mm$ 处无公差，孔的尺寸可以略大一些
G1 Z0 S750 F0.15；	给定精加工时的转速，进给量
G3 X22.01 Z−9. R10.；	切削 R10mm 圆弧，切削到 $\phi22_{0}^{+0.021}mm$ 公差带的中间值
G1 Z−20.；	
N2 X15.5；	
G0 Z240.；	粗车之后，直接退 Z 轴到安全位置
T404 M3 S750；	换上内孔精车刀，伸出刀架 25mm 长，适当提高转速
G0 X30. Z50.；	定位到中间点
X15. Z1.；	定位到 G71 指令循环的起点
G70 P1 Q2；	精车
G0 X150. Z200. M9；	退刀，关闭切削液
M5；	主轴停止
M0；	程序停止，调头装夹，用 1 号刀具扫一下右端面，直接退 X 轴，测量工件长度，把比 102mm 长的部分输入到 21 号 Z 向偏置里，比如测量的长度为 102.5mm，则在 21 号 Z 向偏置里输入 "Z0.5"，按［测量］软键；点

	POS 键找到绝对坐标，把此时的 X 轴的绝对坐标值输入 21 号偏置寄存器的 X 轴里
T121 M3 S700；	换上外圆粗车刀，调用另一个偏置号
G0 X100. Z100. M8；	定位到中间点，打开切削液
X56. Z0；	定位到端面的上方
G1 X – 2. F0. 2；	平端面
G0 X50.5 Z1. ；	定位到 G71 指令粗车循环的起点
G71 U2. R0. 5；	给定背吃刀量，退刀量
G71 P3 Q4 U1. W0. 1 F0. 22；	给定精车时的余量，粗车时的进给量
N3 G0 X18. 8；	定位到螺纹倒角的延长线上
G1 X23. 8 Z – 1. 5 S1000 F0. 16；	倒角，给定精加工转速，进给量
Z – 20. ；	螺纹大径要比公称直径小 0. 2mm，以免切削挤压导致尺寸膨胀，螺母旋不进去
X28. ；	
X29. 992 W – 1. ；	倒角
Z – 28. ；	加工 $\phi 30_{-0.016}^{0}$ mm 公差轴
G3 X40. Z – 52. R50. ；	加工圆弧
G1 X46. ；	
N4 X50. W – 2. ；	倒角 1mm，延长了 1mm
G0 X150. Z150. ；	退刀
T222 M3 S1000；	换上外圆精车刀，调用 22 号偏置
G0 X50.5 Z1. ；	定位到 G71 指令粗车循环的起点
G70 P3 Q4；	精加工
G0 X150. Z150. ；	退刀
T505 M3 S500；	换上车槽刀，左侧刀尖为刀位点
G0 X32. Z2. ；	定位到比槽直径略大，工件外的位置
Z – 20. ；	直接定位到 X32. Z – 20. ，有碰撞的可能
G1 X20. F0. 1；	车槽
G0 X32. ；	退刀，直接退 X 轴
Z200. ；	再退 Z 轴
T606 M3 S1000；	换上螺纹车刀，较高的转速
G0 X28. Z4. ；	定位到螺纹加工起点
G92 X23. Z – 17. 5 F1. 5；	螺纹切削第一刀，背吃刀量 0. 4mm
X22. 4；	螺纹切削第二刀，背吃刀量 0. 3mm
X22. 05；	螺纹切削第三刀，背吃刀量 0. 175mm
X22. 05；	螺纹切削第四刀，光一刀
G0 X150. Z200. M5；	退刀
T101 M9；	
M30；	

细节提示：

圆弧是编程中最容易产生报警信息的指令之一，报警信息包括：

1) 用 R 编程时，两点之间的距离构不成程序所指定的半径的圆，即两点之间的距离 > 圆的直径。根据圆的数学性质，只有当两点之间的距离为圆的直径时，此时的圆的半径才是最小值，如果指定了比该半径还小的值时，自然会报警。

2) 用 I、K 编程时（多数是在加工中心上），圆心不在程序所指定的位置上，即指定的圆心到圆弧上的两个端点之间的距离不相等。根据圆的数学性质，当圆弧上的两点之间的距离为圆的直径时，此时的圆心在两点连线的中点上；当圆弧上的两点之间的距离 < 圆的直径时，此时的圆心在两点连线的中垂线上，从圆弧上两点的任意一点为圆心，作半径为指定值的圆，圆心就是两个交点中的一个，根据题意取舍。

对圆弧编程时，有没有图样，都要计算一下；图样标注不清或没有图样时，更不要随意猜测，以免产生报警。

例 1-11 圆弧连接类工件的加工（能用 G71 指令的尽量少用 G73 指令）。

如图 1-11 所示，该工件毛坯尺寸为 $\phi 40mm \times 50mm$，材料为 45 钢，编写其加工程序。

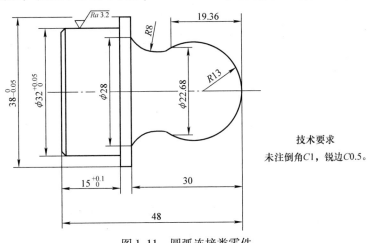

图 1-11 圆弧连接类零件

数学分析：

1) 我们先来计算一下这个 $R13mm$ 的圆，当 $X = 11.34$ 时 Z 的坐标值。根据圆的方程和直线的方程的联立，有

$$\begin{cases} X^2 + (Z+13)^2 = 13^2 \\ X = 11.34 \end{cases}$$

根据题意，解得 $Z = -19.356445548$，和图样标注尺寸"19.36"还是相符的。我们在程序中使用 $Z - 19.356$ 这个值。

2) 再来计算一下 $R8mm$ 的圆心坐标，进而求出它的方程。

已知 $R13mm$ 圆的圆心坐标为（0，-13），两个圆弧的外切点坐标为（11.34，-19.356445548），由 $R13mm$ 圆心连接这个切点并延长，则 $R8mm$ 圆心在这条延长线上，圆心和该切点距离 8mm，根据 $R13mm$ 圆心到切点的距离、切点到 $R8mm$ 圆心的距离之间的比例关系，可以求出 $R8mm$ 的圆心

$X = (11.34 - 0) \times (13+8)/13 + 0 = 18.31846154$

$Z = [-19.356445548 - (-13)] \times (13+8)/13 + (-13) = -23.26810435$

所以 $R8mm$ 这个圆的方程是 $(X - 18.31846154)^2 + (Z + 23.26810435)^2 = 8^2$。

25

知道了该圆的方程后，就能解出当 Z-30 时，X = 13.99624209，直径值为 27.992mm，和图样所标注的"φ28"相差无几。

对这个图样，按照多数人的思路，编程是这样的：

O0032；

G97 G99 M3 S800 T101；　　　　　　　　工件伸出卡爪端面至少 24mm

G0 X100. Z100. M8；

X45. Z2. ；　　　　　　　　　　　　　　接近工件，两个轴均留有一定的距离

G1 Z0 F0.3；　　　　　　　　　　　　　切削到平端面的起点上

X-2. F0.2；　　　　　　　　　　　　　平端面

G0 X40. Z1. ；　　　　　　　　　　　　定位到 G71 指令循环的起点上

G71 U2. R0.5 F0.22；　　　　　　　　　设定背吃刀量、退刀量、进给量

G71 P1 Q2 U0.8 W0.1；　　　　　　　　　设定精加工余量

N1 G0 X28. ；

G1 X32.03 Z-1. F0.18 S1000；　　　　　延长线倒角，加工到公差带的中间值，设定精加工进给量、转速

Z-15.05；　　　　　　　　　　　　　　加工到公差带的中间值

X36. ；

X37.98 W-1. ；　　　　　　　　　　　　加工到公差带的中间值

N2 Z-20. ；

G70 P1 Q2；　　　　　　　　　　　　　精加工

M9；

G0 X100. Z200. M5；　　　　　　　　　　退刀到安全点

M0；　　　　　　　　　　　　　　　　　调头装夹，垫上铜皮夹持左端 φ32mm，用卡爪端面顶紧 φ38mm 处，夹紧工件，用 2 号刀先轻轻平一刀，测量 Z 向的长度，如长度为 48.5mm，比预想的长了 0.5mm，则在 2 号偏置值里输入 Z0.5，按 ［测量］软键；如果是批量加工，可以分成两个程序

M3 S800 T202；　　　　　　　　　　　　换上第二把刀，主偏角 93°，刀尖角 35°

G0 X45. Z2. M8；　　　　　　　　　　　接近工件，两个轴均留有一定的距离

G1 Z0 F0.3；　　　　　　　　　　　　　切削到平端面的起点上

X-2. F0.2；　　　　　　　　　　　　　平右端端面

G0 X42. Z0.1. ；　　　　　　　　　　　定位到 G73 指令的定位点上，由于形状呈凹形，Z 设得很小

G73 U19.5 W0.05 R13 F0.18；　　　　　设定粗加工时两轴的加工余量，加工次数，进给量

G73 P3 Q4 U1. W0.01；　　　　　　　　　设定精加工时两轴的加工余量

N3 G0 X0；

G1 Z0 F0.15 S1000；

G3 X22.68 Z-19.356 R13. ；

G2 X27.992 Z-30. R8. ；

G1 X36. ；

N4 X40. W-2. ；　　　　　　　　　　　　倒角，延长了 1mm

G70 P3 Q4；

M9；

G0 X100. Z200. M5；

T101；

M30；

上述程序分析：

1）如果把这个工件左右两端作为一个程序，一定要注意 N1、N2 和 N3、N4 的程序段号不能重复；否则，系统会自动搜索到由 G71、G73、G70 指令指定的程序段号，机床将会发生不可预知的动作。若是作为两个程序，则没有这个限制。

2）该图样右边，精加工的最小直径尺寸是 0，毛坯的尺寸是 φ40mm，去掉精加工的直径余量 1mm，还剩 39mm，半径值是 19.5mm，正是程序中编写的"U19.5"；根据实际情况，背吃刀量设为 1.5mm，正好是 13 次分割切削，所以编写为"R13"。但这么编程，是不是因为切削循环用得顺手了？棒料用 G73 指令来编程，空走刀肯定少不了，效率大打折扣。其实，右边不用切削循环反而效率高，知道了两段圆弧的方程，其与不同直径坐标值的刀具轨迹的交点坐标很容易求得。

为此，右端粗加工时我们仍使用 1 号刀，采用和 G71 指令类似的轨迹去编程：

第一刀，车到 φ34mm，背吃刀量 3mm，这一刀和两段圆弧均无交点，$Z = -30.$，留 0.1mm 的余量，编程为 Z-29.9。

第二刀，车到比 R13mm 圆的最大直径 φ26mm 大 1mm 处的 φ27mm，背吃刀量 3.5mm，这一刀和 R8mm 圆 $[(X-18.31846154)^2 + (Z+23.26810435)^2 = 8^2]$ 有交点，代入方程的是 $X = 13$，恰似 G71 粗加工时给 G70 指令精加工时留了 1mm 的直径余量一样，解得 $Z = -29.244$，留 0.1mm 的余量，编程为 Z-29.144。

第三刀，车到 φ21mm，背吃刀量 3mm，这一刀和 R13mm 圆 $[X^2 + (Z+13)^2 = 13^2]$ 有交点，代入方程的是 $X = 10$，恰似 G71 指令粗加工时给 G70 精加工时留了 1mm 的直径余量一样，解得 $Z = -4.693$，留 0.1mm 的余量，编程为 Z-4.593。

第四刀，车到 φ15mm，背吃刀量 3mm，这一刀和 R13mm 圆 $[X^2 + (Z+13)^2 = 13^2]$ 有交点，代入方程的是 $X = 7$，恰似 G71 指令粗加工时给 G70 指令精加工时留了 1mm 的直径余量一样，解得 $Z = -2.046$，留 0.1mm 的余量，编程为 Z-1.946。

第五刀，车到 φ9mm，背吃刀量 3mm，这一刀和 R13mm 圆 $[X^2 + (Z+13)^2 = 13^2]$ 有交点，代入方程的是 $X = 4$，恰似 G71 指令粗加工时给 G70 指令精加工时留了 1mm 的直径余量一样，解得 $Z = -0.631$，留 0.1mm 的余量，编程为 Z-0.531。

3）R8mm 这段圆弧对应的工件，半径最小处的值为（18.318 - 8）= 10.318mm，该处粗加工后的半径值为 13.5mm，留给 T202 的精加工背吃刀量为 3.182mm，进给量小一点，一刀车过去是没有问题的。

参考程序如下：

O00034；

G97 G99 M3 S800 T101；　　　　　　工件伸出卡爪端面至少 24mm

G0 X100. Z100. M8；

X45. Z2. ；

G1 Z0 F0.3；

X-2. F0.2；　　　　　　平端面

G0 X38.5 Z1.;	定位到外圆切削第一刀的起点
G1 Z−20. F0.22;	车第一刀
G0 U1. Z1.;	退刀
X32.5;	定位到外圆切削第二刀的起点
G1 Z−15. F0.22;	车第二刀
G0 U1. Z1. S1000;	退刀，适当提高转速
X28.;	定位到倒角的延长线上，准备精车
G1 X32.03 Z−1. F0.12;	倒角1mm，较小的进给；加工到公差带的中间值
Z−15.05 F0.22;	轴向长度加工到公差带的中间值
X36.;	
X37.98 W−1.;	倒角1mm
Z−20.;	加工到公差带的中间值
G0 X50. Z2. M9;	
M5;	
X100. Z150.;	
M0;	调头装夹，垫上铜皮夹持左端 ϕ32mm，用卡爪端面顶紧 ϕ38mm 处，夹紧工件，用1号刀先轻轻平一刀，测量 Z 向的长度，如长度为48.5mm，比工件最终尺寸长了0.5mm，则在21号偏置值里输入Z0.5，按 [测量] 软键；点 POS 键找到绝对坐标，把此时的 X 轴的绝对坐标值输入21号偏置的 X 里；如果是批量加工，可以分成两个程序
T121 M3 S800;	调用这把刀具的另外一个偏置值
G0 X45. Z2. M8;	
G1 Z0 F0.3;	
X−2. F0.2;	平右端端面
G0 **X34.** Z1.;	
G1 **Z−29.9** F0.22;	第一刀
G0 U1. Z1.;	
X27.;	
G1 **Z−29.144**;	第二刀
X29.;	移动到比下一刀工件外形"ϕ28"大1mm的尺寸上
Z−29.9;	
G0 U1. Z1.;	
X21.;	
G1 **Z−4.593**;	第三刀
G0 U1. Z1.;	
X15.;	
G1 **Z−1.946**;	第四刀
G0 U1. Z1.;	
X9.;	

G1 Z - 0.531；   第五刀

G0 X50. Z150.；

T202 M3 S1000；   换上第二把刀，主偏角93°，刀尖角35°

G0 X0 Z1.；

G1 Z0 F0.2；

G3 X22.68 Z - 19.356 R13. F0.15； 背吃刀量较大且不均匀，刀片强度差，所以进给量
                                 较小

G2 X27.992 Z - 30. R8. F0.12；

G1 X36.；

X40. W - 2.；   倒角，延长了1mm

M9；

G0 X100. Z200. M5；   退刀到安全位置

T101；   换上程序中的第一把刀

M30；

细节提示：

不用多说，这么编程效率高多了。所以说，编程要根据图样，考虑到刀具、工件、效率等情况，不要拘泥于使用切削循环。

例1-12 轴类件的加工（定比分点公式求外切圆切点）。

如图1-12所示，毛坯为 ϕ40mm×120mm，材料为45钢，编写其程序。

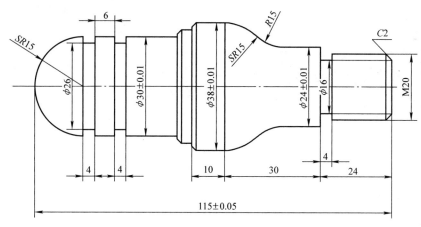

图1-12 圆弧外切举例

数学分析：

这个工件难的是求图样中的两个 R15mm 圆弧的切点坐标。乍一看没有头绪，找出图样中不明显的尺寸关系后，用勾股定理和定比分点公式很容易求出。

定比分点的定义：设直线 AB 上两点 A、B，它们的坐标分别为 (x_1, z_1)、(x_2, z_2)，在直线 $\overline{AB}$ 上有一个不同于 A、B 的任一点 C，C 使 AC/CB 等于已知常数 λ，即 $\overline{AC/CB} = \lambda$，我们就把 C 叫作有向线段 $\overline{AB}$ 的定比分点。若设 C 的坐标为 (x, z)，则 $x = (x_1 + \lambda x_2)/(1 + \lambda)$，$z = (z_1 + \lambda z_2)/(1 + \lambda)$。

根据图样所示尺寸绘制了图1-13，可得"SR15"的圆心 A 的 X 半径坐标值为 38/2 - 15 = 4，"R15"圆心 B 的 X 半径坐标值为 24/2 + 15 = 27，连接两个圆心，根据勾股定理，可以求出

"R15"圆弧的圆心 B 的 Z 坐标为 $-54 + \sqrt{(15+15)^2 - (27-4)^2} = -34.73863972$。

外切点 C 分两个圆心的定比分点 $\lambda = \overline{AC}/\overline{CB} = 15/15 = 1$，用定比分点公式可以求得切点坐标为 $X_C = (4 + 1 \times 27)/(1+1) = 15.5$，直径值为 31mm；$Z_C = (-54 - 1 \times 34.73863972)/(1+1) = -44.3693$。

工艺分析：

夹持右端 45mm 长，加工左端，车半圆、（$\phi 30 \pm 0.01$）mm 外圆，车（$\phi 38 \pm 0.01$）mm 外圆至右端并延长一点；车槽。调头装夹，垫上铜皮，加工螺纹大径、圆弧、退刀槽，车螺纹。

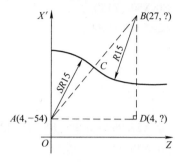

图 1-13 用定比分点公式解坐标示例

左端的参考程序如下：

O0034;	
G97 G99 M3 S800 T101;	工件伸出卡爪端面 75mm
G0 X100. Z100. M8;	定位到中间点，打开切削液
X46. Z2.;	接近工件
G1 Z0 F0.5;	切削到平端面的起点
X - 2. F0.2;	平端面
G0 X40. Z1.;	定位到 G71 指令轴向粗车循环的起点
G71 U2. R0.3;	设定背吃刀量、退刀量
G71 P1 Q2 U0.8 W0.1 F0.22;	设定精加工余量、进给量
N1 G0 X0;	定位到程序段群起点的 X 坐标
G1 Z0 F0.16 S1200;	接触工件；设定精加工时的进给量、主轴转速
G3 X30. Z - 15. R15.;	加工圆弧
G1 Z - 51.;	加工外圆
X36.;	切削到倒角的起点
X38. W - 1.;	倒角 1mm
N2 Z - 67.;	加工外圆，延长了 6mm
G0 Z150.;	退刀
T202 M3 S1200;	换上外圆精车刀
G0 X40. Z1.;	定位到 G71 指令轴向粗车循环的起点上
G70 P1 Q2;	精加工
G0 Z150.;	退刀
T303 M3 S600;	换上车槽刀，切削刃宽 4mm，左刀尖为刀位点
G0 X32. Z4.;	先定位到工件外，且靠近工件的位置上
Z - 19.;	再定位到槽的上方，不要一步就定位到槽的上方
G1 X26. F0.1;	车到槽底，较小的进给量
G4 P120;	在槽底暂停 0.12s，主轴转了 1.2 圈
G0 X32.;	沿 X 轴直接退刀到工件外
W - 10.;	定位到第二个槽的上方
G1 X26. F0.1;	车到槽底，较小的进给量
G4 P120;	在槽底暂停 0.12s，主轴转了 1.2 圈

G0 X80. M9 ;	退刀到较远的位置，关闭切削液
M5 ;	主轴停止
Z300. ;	退刀到安全位置
T101 ;	换上程序中的第一把刀
M30 ;	

右端的参考程序如下：

O0035 ;	
G97 G99 M3 S800 T101 ;	调头装夹，夹左端
G0 X100. Z100. M8 ;	定位到中间点，打开切削液
X46. Z6. ;	接近工件
Z2. ;	定位到平端面第一刀的起点
G1 X - 2. F0. 2 ;	平端面第一刀
G0 X46. Z3. ;	退刀
Z0 ;	定位到平端面第二刀的起点
G1 X - 2. F0. 2 ;	平端面第二刀
G0 X40. Z1. ;	定位到 G71 指令轴向粗车循环的起点
G71 U2. R0. 3 ;	设定背吃刀量、退刀量
G71 P1 Q2 U0. 8 W0. 1 F0. 22 ;	设定精加工余量、进给量
N1 G0 X13. 7 ;	定位到程序段群起点的 X 坐标
G1 X19. 7 Z - 2. F0. 16 S1200 ;	螺纹开头处倒角 2mm
Z - 24. ;	
X22. ;	
X24. W - 1. ;	倒角 1mm
Z - 34. 739 ;	
G2 X31. Z - 44. 369 R15. ;	车顺时针圆弧
G3 X38. Z - 54. R15. ;	车逆时针圆弧
N2 G1 U2. W - 1. ;	
G0 X100. Z150. ;	退刀到安全位置
T202 M3 S1200 ;	换上精车刀
G0 X40. Z1. ;	定位到 G71 指令粗车循环的起点
G70 P1 Q2 ;	精加工
G0 Z150. ;	退刀到安全位置
T303 M3 S600 ;	换上车槽刀，切削刃宽 4mm，左刀尖为刀位点
G0 X26. Z4. ;	先定位到工件外，且靠近工件的位置上
Z - 24. ;	再定位到槽的上方，不要一步就定位到槽的上方
G1 X16. F0. 1 ;	车削到槽底，较小的进给量
G4 P120 ;	在槽底暂停 0.12s，主轴转了 1.2 圈
G0 X30. ;	先沿 X 轴退刀
Z150. ;	再沿 Z 轴退刀到安全位置
T404 M3 S800 ;	换上外螺纹车刀
G0 X24. Z6. ;	定位到螺纹切削循环的起点

G92 X18.7 Z – 21.5 F2.5；   螺纹切削第一刀，背吃刀量 0.5mm

X18.；   螺纹切削第二刀，背吃刀量 0.35mm

X17.6；   螺纹切削第三刀，背吃刀量 0.2mm

X17.4；   螺纹切削第四刀，背吃刀量 0.1mm

X17.4；   螺纹切削第五刀，光一刀

G0 Z20. M5；   刀具刚脱离工件，就停主轴

M9；   随后关闭切削液

X150. Z200.；   退刀到安全位置

T101；   换上程序中的第一把刀

M30；

习题：

如图 1-14 所示，毛坯为 $\phi102\text{mm} \times 123\text{mm}$，材料为 45 钢，编写其加工程序。

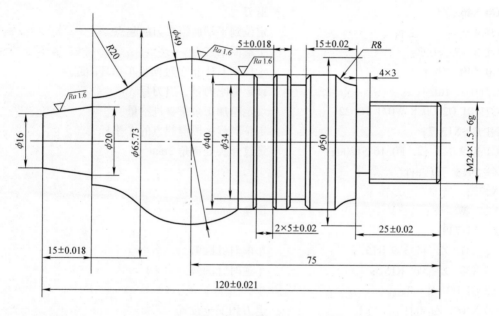

图 1-14　复合类工件

数学分析：

这个工件里有三处尺寸需要计算。

1. $R20\text{mm}$ 和 $R24.5\text{mm}$ 两圆的切点坐标，定比分点公式的应用

当夹持右端加工左端时，设小圆圆心为 A，其坐标为 $(32.865, -15)$，半径为 20mm；设大圆圆心为 B，其坐标为 $(0, -45)$，半径为 24.5mm；设两圆切点为 C，则 C 分有向线段 $\overrightarrow{AB}$ 的定比分点 $\lambda = \overline{AC}/\overline{CB} = 20/24.5$，则有

$$X_C = (X_A + \lambda X_B)/(1 + \lambda) = \left(32.865 + \frac{20}{24.5} \times 0\right)\Big/\left(1 + \frac{20}{24.5}\right) = 18.0942，直径值取 36.188\text{mm}。$$

$$Z_C = (Y_A + \lambda Y_B)/(1 + \lambda) = \left(-15 - \frac{20}{24.5} \times 45\right)\Big/\left(1 + \frac{20}{24.5}\right) = -28.483。$$

2. $R24.5\text{mm}$ 圆和 $\phi40\text{mm}$ 外圆交点的 Z 轴坐标值

根据圆的方程和直线的方程的联立，有

$$\begin{cases} X^2 + (Z + 75)^2 = 24.5^2 \\ X = 20 \end{cases}$$

根据题意，舍去一个根，解得 $Z = -60.849$。

3. $R8$mm 圆和 $\phi40$ 外圆交点的 Z 轴坐标值

根据圆的方程和直线的方程的联立，有

$$\begin{cases} (X - 25)^2 + (Z + 25)^2 = 8^2 \\ X = 20 \end{cases}$$

根据题意，舍去一个根，解得 $Z = -31.245$。

工艺分析：

先夹持工件左端，伸出卡盘 80~85mm，在 G71 指令里 Z 向编到 $R24.5$mm 的中间略偏左一点，给直径留 1mm 的余量，但并不用 G70 指令精加工；用精车刀一步步编程车到 $R24.5$mm 圆和 $\phi40$mm 外圆交点处；这么加工，$R24.5$mm 圆弧右半边的直径大了 1mm。然后再加工螺纹退刀槽、槽、螺纹。

调头装夹，垫上铜皮，卡爪端面和"5±0.018"尺寸的左端平齐，半夹紧，打表测量使跳动量在 0.02mm 以内，再夹紧；用 G71 指令粗加工左端，给直径留 1mm 的余量，但把左端锥度的大小头那里改小 1mm，编程为"X15." "X19."。这么编程，当 G71 指令粗加工完，锥度那里尺寸不差，但 $R20$mm 圆弧和 $R24.5$mm 圆弧左半边的直径均大了 1mm。换上一把尖刀，只精加工这两段圆弧就行了。

程序略。

例 1-13 复合件的加工（直线和圆的方程联立求交点坐标）。

如图 1-15 所示，该工件毛坯尺寸为 $\phi58$mm×62mm，材料为 45 钢，编写其程序。

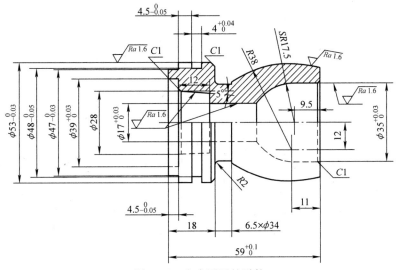

图 1-15 含有圆弧的零件

数学分析：

该图样有 4 处需要数学计算。

1）$SR17.5$mm 圆弧和 $\phi17^{+0.03}_{0}$mm 孔的交点的 Z 轴坐标值，根据圆的方程和直线的方程的联立，有：

$$\begin{cases} X^2 + (Z + 9.5)^2 = 17.5^2 \\ X = 8.51 \end{cases}$$

根据图样所示，舍去一个根，解得 $Z = -24.791$，则从左端加工内孔时，$\phi 17^{+0.03}_{0}$ mm 孔的深度为 59.05mm − 24.791mm = 34.259mm。

2）$R38$mm 圆弧和右端面的交点的 X 轴坐标值，根据圆的方程和直线的方程的联立，有

$$\begin{cases} (X + 12)^2 + (Z + 11)^2 = 38^2 \\ Z = 0 \end{cases}$$

根据图样所示，舍去一个根，解得 $X = 24.3731$，直径值取 48.746mm。

3）$R38$mm 圆弧和 $Z = -(59.05 - 18 - 6.5) = -34.55$ 直线的交点的 X 轴坐标值，根据圆的方程和直线的方程的联立，有

$$\begin{cases} (X + 12)^2 + (Z + 11)^2 = 38^2 \\ Z = -34.55 \end{cases}$$

根据题意，舍去一个根，解得 $X = 17.8228$，直径值取 35.646mm。

4）5°锥度的右端的直径坐标为：28.1mm − 2 × 11mm × tan5° = 26.175mm。

另外，精加工后右端外圆弧的最大直径为 (38 − 12)mm × 2 = 52mm。

工艺分析：

先把工件伸出卡盘 5 ~ 10mm 长，用手动方式平一下端面，以主轴转速 1000r/min 钻中心孔；选 $\phi 14.5$ ~ $\phi 15.0$mm 的钻头，安装在尾座上，以转速 400r/min 钻通孔，停主轴，把工件伸出卡盘 30mm 长。

夹持右端加工左端，用外圆粗精车刀加工外尺寸；车槽刀加工外槽，并把 $\phi 53^{0}_{-0.03}$ mm 外尺寸右端的槽加工出来；左端和右端的衔接处在 $R38$mm 圆弧和 6.5mm × $\phi 34$mm 槽的交点上。用最小加工内径为 14mm 的内孔粗精车刀加工至 $\phi 17^{+0.03}_{0}$ mm 孔和 $SR17.5$mm 圆弧的交点，并略延长。

注意：不要把调头装夹加工的衔接处放在 $\phi 53^{0}_{-0.03}$ mm 外尺寸的右端。

在卡爪上车出高为 2.5mm < [($\phi 53^{0}_{-0.03}$ − $\phi 47^{0}_{-0.03}$)/2]，深度为 14mm 的台阶，垫上铜皮夹紧工件左端，平端面保证总长 59.05mm。用内孔粗精车刀加工至 $SR17.5$mm 圆弧和 $\phi 17^{+0.03}_{0}$ mm 孔的交点；用副偏角较大的尖刀粗精加工外轮廓。

左端参考程序如下：

O1040;

G99 G97 M3 S700 T101;	换上外圆粗车刀
G0 X100. Z100. M8;	定位到中间点，打开切削液
X64. Z3.;	接近工件
G1 Z0 F0.5;	切削到平端面的起点
X12. F0.2;	平端面
G0 X54. Z1.;	定位
G1 Z − 26.;	粗车外圆，延长了 1.5mm
G0 U1. Z1.;	退刀
X49.;	定位
G1 Z − 4.4;	粗车
G0 X60. Z200.;	退刀到安全位置
T202 M3 S900;	换上外圆精车刀

G0 X44. Z40. ;	定位到中间点
Z1. ;	接近工件，该位置为倒角的起点
G1 X46. 98 Z − 0. 5 F0. 12 ;	倒角 0.5mm
Z − 4. 48 F0. 15 ;	切削到轴向尺寸公差带的中间值
X52. ;	
X52. 99 W − 0. 5 ;	倒角 0.5mm
Z − 26. ;	
G0 X100. Z200. ;	退刀到安全位置
T303 M3 S500 ;	换上内孔粗车刀
G0 X16. Z50. ;	定位到中间点
Z1. ;	定位到 G71 指令粗车循环的起点
G71 U1. 5 **R0. 2** ;	粗车时背吃刀量 1.5mm；空间狭小，退刀量 0.2mm
G71 P1 Q2 U − 0. 8 W0. 1 F0. 18 ;	给定精车时的余量、粗车时的进给量
N1 G0 X42. ;	定位到延长线倒角的起点
G1 X39. 02 Z − 0. 5 F0. 12 S650 ;	倒角 0.5mm；给定精车时的进给量、转速
Z − 4. 5 ;	
X30. ;	倒角的起点
X28. 1 W − 1. ;	倒角 1mm
X26. 175 W − 11. ;	锥度切削
X18. ;	
X17. 02 W − 0. 5 ;	倒角 0.5mm
N2 Z − 35. ;	延长了 0.741mm
G0 Z300. ;	退刀到安全位置
T404 M3 S650 ;	换上内孔精车刀
G0 X16. Z50. ;	
Z1. ;	定位到原 G71 指令的起点
G70 P1 Q2 ;	精车
G0 X100. Z200. ;	退刀
T505 M3 S600 ;	换上车槽刀，切削刃宽 4mm，左刀尖为刀位点
G0 X56. Z60. ;	
Z2. ;	定位到接近工件的位置
Z − 12. 97 ;	定位到槽的正上方
G1 X47. 97 F0. 1 ;	以较小的进给切槽
G4 P120 ;	在槽底暂停 0.12s，主轴转了 1.2 圈
G0 X55. ;	退刀
Z − 24. 5 ;	定位到槽的里侧
G75 R0. 25 F0. 1 ;	径向车槽循环，退刀量 0.25mm，较小的进给量
G75 X34. 1 P700 Q0 ;	切削到 X34.1，留点余量，每次切 0.7mm
G0 Z − 20. ;	定位到倒角的起点
G1 X51. Z − 22. F0. 1 ;	倒角
X38. ;	

G2 X33.95 W-2. R2.;	切削槽底的圆弧
G1 Z-24.45;	沿槽底走一刀
G0 X60.;	退刀，刀具脱离工件
M5;	主轴停止
Z300. M9;	退刀安全位置，关闭切削液
T101;	换上程序中的第一把刀
M30;	

右端参考程序如下：

O1050;	
G99 G97 T121 M3 S700;	换上外圆粗车刀，调用另一个偏置值
G0 X100. Z100. M8;	
X64. Z3.;	接近工件
G1 Z0 F0.5;	切削到平端面的起点
X12. F0.2;	平端面，保证总长59.05mm
G0 X100. Z200.;	退刀
T323 M3 S500;	换上内孔粗车刀，调用另一个偏置值
G0 X16. Z60.;	
Z1.;	定位到G71指令粗车循环的起点
G71 U1.5 **R0.2**;	粗车时背吃刀量1.5mm；空间狭小，退刀量0.2mm
G71 P3 Q4 U-0.8 W0.1 F0.18;	给定精车时的余量、粗车时的进给量
N3 G0 G42 X39.;	定位到倒角的起点，建立刀尖半径补偿
G1 X35.02 Z-1. S700 F0.14;	倒角；给定精车时的转速、进给量
Z-9.5;	
G3 X17.02 Z-24.791 R17.5;	圆弧切削
N4 G1 G40 U-0.5 W-2.;	为避免留下毛刺，多走了一段斜线的同时，取消刀尖半径补偿
G0 X100. Z200.;	退刀
T424 M3 S700;	换上内孔精车刀，调用另一个偏置值
G0 X16. Z60.;	
Z1.;	定位到原G71指令的起点
G70 P3 Q4;	精车
G0 X100. Z200.;	退刀
T606 M3 S650;	换上粗车尖刀
G0 X58. Z60.;	
Z1.;	定位到G73指令切削循环的起点
G73 **U10.677** W0 R6;	设定切削参数（毛坯直径－圆弧的最小直径－精加工余量）/2=10.677mm；粗车分割为6次，每一刀的背吃刀量为1.78mm
G73 P5 Q6 U1. W0.1 F0.2;	设定精车时的余量、粗车时的进给量
N5 G0 G42 X48.746;	定位到圆弧起点外
G1 Z0 F0.15 S800;	切削到圆弧的起点；设定精车时的进给量、转速

G3 X35. 646 Z - 34. 55 R38.；	切削圆弧
N6 G1 G40 W - 2.；	多切削一段距离的同时，取消刀尖半径补偿
G0 X100. Z200.；	退刀到安全位置
T707 M3 S800；	换上精车尖刀
G0 X58. Z60.；	
Z1.；	定位到原 G73 指令粗车循环的起点
G70 P5 Q6；	精车
G0 Z20. M9；	刀具脱离工件，就关闭切削液
M5；	主轴停止
X150. Z300.；	退刀到安全位置
T101；	换上程序中的第一把刀
M30；	

例 1-14 盘类工件的加工（勾股定理的应用）。

如图 1-16 所示，该工件毛坯尺寸为 $\phi405mm \times 138mm$、$\phi195mm$ 通孔，材料为 45 钢，编写其加工程序。

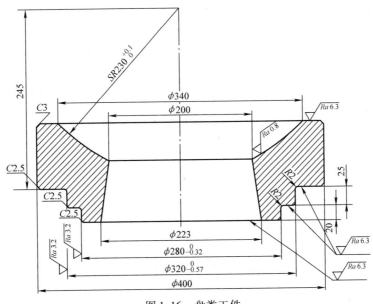

图 1-16 盘类工件

数学分析：

该工件属于研配件，所以该工件上和圆弧的相关尺寸是从配合件的圆心标注的，工件和圆弧的轴向长度需要计算。

根据勾股定理，该工件的轴向长度为 $(245 + 25 + 20)mm - \sqrt{230.05^2 - 170^2}mm = 135.006mm$；该工件上的圆弧对应的轴向长度为 $\sqrt{230.05^2 - 100^2}mm - \sqrt{230.05^2 - 170^2}mm = 52.185mm$。

工艺分析：

先正爪反撑撑紧工件，粗、精加工台阶和外圆；再反爪正夹 $\phi320mm$ 处，粗、精加工内圆弧，倒锥度。注意锥度大小头的半径的差为 11.5mm，要选用刀尖到刀柄轴线的垂直距离略大于刀柄截面圆的半径 +12mm 的内孔刀具，或将该刀具微微倾斜于 Z 轴去装夹，选用粗刀杆，刀具伸出刀架 142～145mm。

参考程序如下：

O0092；	
G97 G99 T101 M3 S160；	T101 为外圆粗车刀；外圆较大，转速选择 160r/min
G0 X410. Z2. M8；	定位到离工件较近的位置，打开切削液
G1 Z0 F0.4；	切削到平端面的起点上
X190. F0.2；	平端面
G0 X405. Z1.；	定位到 G71 指令粗车循环的起点
G71 U2. R0.5；	粗车背吃刀量 2mm，退刀量 0.5mm
G71 P1 Q2 U1. W0.1 F0.2；	给定精加工余量，粗车时的进给量
N1 G0 X273.；	定位到倒角的延长线上
G1 X279.84 Z－2.5 F0.16 S180；	倒角；切削到公差带的中间值；给定精加工时的进给量、转速
Z－18.；	
G2 U4. W－2. R2.；	圆弧切削
G1 X315.；	
X319.72 W－2.5；	切削到公差带的中间值
Z－43.；	
G2 U4. W－2. R2.；	圆弧切削
G1 X395.；	
X399.9 W－2.5；	φ400mm 外径尺寸无公差，略小 0.1mm
N2 Z－138.；	
G0 Z300.；	退刀
T202 M3 S180；	换上外圆精车刀
G0 X405. Z1.；	定位到原 G71 的定位点
G70 P1 Q2；	精车循环
G0 Z300. M9；	退刀，关闭切削液
M5；	
M0；	程序准确停止；调头装夹，垫上铜皮半夹紧 φ320mm 处，用磁性表座夹住指示表打在偏右的外圆上，转动工件使跳动量在 0.02mm，夹紧工件。转到手动方式，起动主轴，用 1 号刀平端面，沿 X 轴退出，停止主轴，测量工件长度，把比"135.006"多余的尺寸输入 21 号偏置寄存器的 Z 轴里；点 POS 键，找到绝对坐标，把此时的 X 轴的绝对坐标值输入 21 号偏置寄存器的 X 轴里
T121 M3 S160；	调用 1 号粗车刀
G0 X404. Z4. M8；	定位到工件外
Z－5.；	定位到倒角的起点
G1 X394. Z0 F0.2；	倒角 3mm
X190.；	平端面
G0 X240. Z300.；	退刀

T303 M3 S140;	换上内孔粗车刀
G0 X199. Z40.;	定位到中间点
Z1.;	接近工件
G1 Z－137. F0.2;	先车出孔的目的是给后续加工留下作业面，避免碰撞
G0 U－1. Z1.;	退刀到孔口，G72 指令轴向粗车循环的起点
G72 W2.5 R0.5;	给定粗车的背吃刀量、退刀量
G72 P3 Q4 U－1. W0.1 F0.2;	给定精加工的余量，但并不使用 G70 指令去精加工
N3 G0 Z－52.185;	定位到圆弧加工起点的 Z 坐标上
G1 X200.;	切削到圆弧的起点上
G2 X340. Z0 R230.05;	切削圆弧，顺逆时针是按照精加工路线轨迹来判断的
N4 G1 Z0.5;	程序段群终点的 Z 坐标要比定位点的 Z 坐标小
G0 X197. Z－114.4;	粗加工过圆弧，接着定位到锥度粗加工第一刀的起点上
G1 X203. Z－136. F0.2;	锥度粗加工第一刀，背吃刀量为 2mm
G0 X197.;	退刀，刀尖距离刚才加工过的内壁 1mm
Z－100.;	定位到锥度粗加工第二刀的起点上
G1 X207. Z－136.;	锥度粗加工第二刀，背吃刀量为 2mm
G0 X197.;	
Z－82.;	定位到锥度粗加工第三刀的起点上
G1 X212. Z－136.;	锥度粗加工第三刀，背吃刀量为 2.5mm
G0 X197.;	
Z－64.;	定位到锥度粗加工第四刀的起点上
G1 X217. Z－136.;	锥度粗加工第四刀，背吃刀量为 2.5mm
G0 X197.;	
Z－46.;	定位到锥度粗加工第五刀的起点上
G1 X222. Z－136.;	锥度粗加工第五刀，背吃刀量为 2.5mm
G0 X197.;	
Z300.;	退刀到安全位置
T404 S160 M3;	换上内孔精车刀，X 向偏置可以调大 0.05～0.1mm
G0 X340. Z20.;	定位到中间点
Z2.;	接近工件
G1 G41 Z0 F0.16;	建立刀尖半径补偿，切削到圆弧的起点上
G3 X200. Z－52.185 R230.05;	切削圆弧
G1 X223.415 Z－136.5;	切削锥度，轴向延长了 1.494mm，径向随比例变化
G0 G40 X197. M9;	退刀，取消刀尖半径补偿
M5;	
Z300.;	退刀到安全位置
T101;	
M30;	

细节提示：

1）内孔粗车刀的加工轨迹，和精加工路线近似平行就行了，该图样中的锥度比为（223－200）∶（135.006－52.185）=1∶3.6009，近似值取 1∶3.6；根据实际情况，选择背吃刀量为 2～2.5mm，该程序中的内孔粗车刀加工的这五刀，全部按 1∶3.6 锥度比例去加工。后面给精加工留的直径余量为1mm，和圆弧的余量一致。

2）该工件尺寸较大，主轴转速应较小。该程序中的转速，对应尺寸的切削线速度在85~200m/min之间。

3）该图样中内圆锥的半圆锥角为 arctan（11.5/82.821）= 7.905°。因此，在装夹内孔粗精车刀时，刀具装夹时的实际副偏角要略大于该角度，以免发生干涉。

例1-15 螺纹轴的加工（斜线和圆相切，切点的计算1）。

如图1-17所示，该工件毛坯尺寸为φ28mm×62mm，材料为45钢，编写其加工程序。

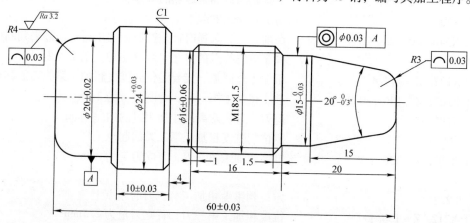

图1-17　螺纹轴

数学分析：

这个工件有一定的挑战性，其中最难的地方就是求R3mm圆弧和标注圆锥角为20°的锥度的切点坐标值。千万不要以为这里是圆心角为90°的1/4圆弧，去计算坐标值。根据题意，设R3mm圆弧的圆心坐标为（d，-3），则由圆的方程和直线的方程联立，有

$$\begin{cases} (X-d)^2 + (Z+3)^2 = 3^2 & ① \\ X-7.5 = \tan170°(Z+15) & ② \end{cases}$$

化简得

1.031091204 Z^2 + （4.287831413 + 0.3526539614d）Z + d^2 - 9.710190579d + 23.57195027 = 0　③

由于圆弧和直线相切，仅有一个切点，则 Δ = b^2 - 4ac = 0，化简得

$$4d^2 - 43.07260985d + 78.83382412 = 0$$

根据题意，观察圆心和切点的径向位置关系，舍去一个根，解得 d = 2.337796396。

把d代入③式，解得 Z = -b/（2a）= -2.479055467。

把Z代入②式，解得 X = 5.292219655，直径值取10.584mm。

还有一种方法，计算过程更简单一些：

如图1-18所示，经过切点A向圆心O作一条线，则∠OAC = 90°，经过圆心O作X轴的平行线，经过A点作Z轴的平行线，两条线交于B点，则∠CAB = ∠AOB = 20°/2 = 10°。

AB = OA × sin10° = 3 × sin10° = 0.520944533。

则切点A的Z轴坐标值为：AB - 3 = -2.479055467。

把该值代入②式，得切点A的X轴坐标值为5.292219655，直径值取10.584mm。

把切点A的X轴、Z轴坐标值代入①式，观察圆心和切点的径向位置关系，舍去一个根，解得：d = 2.337796396。

$R3$mm 圆弧与右端面的切点的坐标为（4.676，0）。

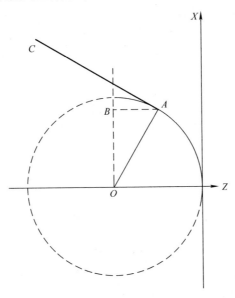

图 1-18　圆和倾斜于轴的直线相切的示意图

工艺分析：

先加工左端，伸出卡盘 30mm 长，加工 $\phi24^{+0.03}_{0}$ mm 外圆至槽的上方；调头装夹，加工右端轮廓，车槽，车螺纹。

参考程序如下：

O0078；	
G99 G97 T101 M3 S800；	工件伸出 35mm，T101 为外圆粗车刀
G0 X100. Z100. M8；	定位到中间点，打开切削液
X32. Z0；	定位到平端面的起点
G1 X－2. F0.2；	平端面
G0 X25. Z1.；	退刀
G1 Z－30. F0.22；	车削
G0 U1. Z1.；	退刀
X12.；	定位到圆弧起点的外侧
G1 G42 Z0 F0.1；	建立刀尖半径补偿，接触工件端面
G3 X20. Z－4. R4. F0.12；	圆弧切削
G1 Z－10. F0.16；	直线切削
U2.；	
X24.015 W－1.；	编到公差带的中间值
Z－30.；	
M9；	
G0 G40 U2. M5；	取消刀尖半径补偿
X150. Z200.；	退刀到安全位置
M0；	程序准确停止；调头装夹，垫上铜皮半夹紧左端，用磁性

表座夹住指示表打在刚才加工过的偏右的外圆上，转动工件使跳动量在 0.02mm 左右，夹紧工件，转到手动方式，起动主轴，用 1 号刀平端面，沿 X 轴退出，停止主轴，测量工件长度，把比"60±0.03"多余的尺寸输入 21 号偏置寄存器的 Z 轴里；点 POS 键，找到绝对坐标，把此时的 X 轴的绝对坐标值输入 21 号偏置寄存器的 X 轴里

T121 M3 S800；	调用 21 号刀具偏置
G0 X100. Z100. M8；	定位到安全点，开切削液
X32. Z0；	定位到平端面的起点
G1 X－2. F0.2；	平端面
G0 X28. Z1.；	定位到 G71 指令粗加工循环的起点
G71 U2. R0.5；	粗车的背吃刀量 2mm，退刀量 0.5mm
G71 P1 Q2 U1. W0.1 F0.22；	设定粗车时的精加工余量，粗车时的进给量
N1 G0 G42 X4.676；	定位到 R3mm 圆弧和右端面的切点的外侧
G1 Z0 F0.16 S1000；	设定精加工时的进给量、转速
G3 X10.584 Z－2.479 R3.；	切削 R3mm 圆弧
G1 X15. Z－15.；	
Z－20.；	
X17.8 W－1.5；	加工 M18×1.5 螺纹，大径加工到 φ17.8mm
Z－40.；	
X22.；	
N2 G40 X26. W－2.；	倒角，延长了 1mm
G0 X100. Z150.；	退刀
T202 M3 S1000；	换上外圆精车刀
G0 X28. Z1.；	定位到原 G71 指令的定位点
G70 P1 Q2；	精车循环
G0 X100. Z150.；	退刀
T303 M3 S600；	换上车槽刀
G0 X26. Z2.；	定位到工件外，直径大于槽口左端的位置上
Z－40.；	再定位到槽的上方，如果直接定位到该位置，会有碰撞的可能
G1 X16. F0.1；	以较小的进给量切削到槽底
G4 P120；	在槽底暂停 0.12s，主轴空转 1.2 圈，保证切削到尺寸
G0 X19.；	沿 X 轴退刀到比槽右侧外圆略大处
W1.5；	沿 Z 轴退刀
G1 X16. Z－40.；	沿 45°切削到槽底，X 轴变化量是 Z 轴变化量的 ±2 倍
G0 X19.；	退刀
Z150.；	退刀到安全位置
T404 M3 S1000；	换上外螺纹车刀，提高转速
G0 X22. Z2.；	定位到工件外，直径大于螺纹大径的位置上
Z－15.；	再定位到距离螺纹右端大于 2 倍导程的位置上

G92 X17. Z −37.5 F1.5;	螺纹切削，第一刀的背吃刀量0.4mm；Z轴的终点坐标，需要在车槽、读取螺纹车刀的偏置后靠近该槽左侧，查看"POS"中Z轴的绝对坐标值来确定
X16.5;	第二刀的背吃刀量0.25mm
X16.2;	第三刀的背吃刀量0.15mm
X16.05;	第四刀的背吃刀量0.075mm
G0 Z20. M5;	
X150. Z150. M9;	
T101;	
M30;	

例1-16 轮毂的加工（斜线和圆相切，切点的计算2）。

如图1-19所示，该轮毂的左端及内孔已加工好，毛坯外径尺寸为φ196mm，长度为82～83mm，试编写其加工程序。

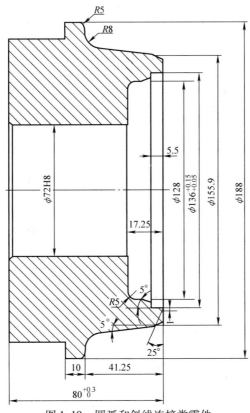

图1-19 圆弧和斜线连接类零件

数学分析：

既然做完了上面的题，这一道题就轻车熟路了。曾经最难的地方，就是求R8mm圆弧和倾斜角为175°的锥度的切点坐标值、R5mm圆弧和倾斜角为5°的锥度的切点坐标值。

1. 先求外圆的切点

图样中外径φ155.9mm和标注为25°锥度交点的Z轴的坐标值为 −[（155.9 − 138.1)/2］×

43

$\tan25° = -4.150$。

根据题意，设 $R8\text{mm}$ 圆弧的圆心坐标为 $(d，-33.25)$，则由圆的方程和直线的方程的联立，有

$$\begin{cases} (X-d)^2 + [Z+(41.25-8)]^2 = 8^2 & ① \\ X-77.95 = \tan175°(Z+4.150) & ② \end{cases}$$

如图 1-20a 所示，经过切点 A 向圆心 O 作一条线，则 $\angle OAC = 90°$，经过圆心 O 作 X 轴的平行线，经过 A 点作 Z 轴的平行线，两条线交于 B 点，则 $\angle CAB = \angle AOB = 5°$。

$AB = OA \cdot \sin5° = 8\sin5° = 0.697245942$。

则切点 A 的 Z 轴坐标值为 $-33.25 - AB = -33.947245942$。

把该值代入②式，得切点 A 的 X 轴坐标值为 80.55692122，直径值取 161.114mm。

把切点 A 的 X 轴、Z 轴坐标值代入①式，观察圆心和切点的径向位置关系，舍去一个根，解得 $d = 88.52647881$，直径值取 177.053mm。

如图 1-20a 所示，O 点和 A 点的 X 轴坐标值相差 $8\text{mm} \times \cos5°$，那么 O 点的 X 坐标值为 $80.55692122 + 8\cos5° = 88.52647881$，直径值取 177.053mm。

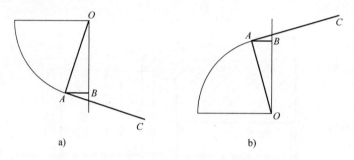

图 1-20　倾斜于轴的直线和圆弧的切点的计算

2. 再求内孔的切点

根据题意，设 $R5\text{mm}$ 圆弧的圆心坐标为 $(d，-12.25)$，则由圆的方程和直线的方程的联立，有

$$\begin{cases} (X-d)^2 + [Z+(17.25-5)]^2 = 5^2 & ① \\ X-64 = \tan5°(Z+5.5) & ② \end{cases}$$

如图 1-20b 所示，经过切点 A 向圆心 O 作一条线，则 $\angle OAC = 90°$，经过圆心 O 作 X 轴的平行线，经过 A 点作 Z 轴的平行线，两条线交于 B 点，则 $\angle CAB = \angle AOB = 5°$。

$AB = OA \cdot \sin5° = 5\sin5° = 0.4357787138$。

则切点 A 的 Z 轴坐标值为：$-12.25 - AB = -12.68577871$。

把该值代入②式，得切点 A 的 X 轴坐标值为 63.37132582，直径值取 126.743mm。

把切点 A 的 X 轴、Z 轴坐标值代入①式，观察圆心和切点的径向位置关系，舍去一个根，解得 $d = 58.39035233$，直径值取 116.781mm。

如图 1-20b 所示，O 点和 A 点的 X 轴坐标值相差 $5\cos5°$，那么 O 点的 X 坐标值为 $63.37132582 - 5\cos5° = 58.39035233$，直径值取 116.781mm。

工艺分析：

夹持左端，粗精车外圆，再粗精车内孔。

参考程序如下：

O1020；

G99 G97 M3 S350 T101；　　　　　　　　外圆粗车刀

G0 X204. Z100. M8；　　　　　　　　　　定位到中间点的同时，打开切削液

Z4. ；　　　　　　　　　　　　　　　　　定位到接近工件的位置

G1 Z0 F0.5；　　　　　　　　　　　　　切削到端面的起点

X70. F0.2；　　　　　　　　　　　　　　平端面，工件长度在 80.15mm 左右

G0 X196. Z1. ；　　　　　　　　　　　　定位到 G71 指令粗车循环的起点

G71 U2.5 R0.5；　　　　　　　　　　　　给定粗车的背吃刀量、退刀量

G71 P1 Q2 U1. W0.1 F0.22；　　　　　　给定精加工循环时的余量、粗车时的进给量

N1 G0 G42 X133.811；　　　　　　　　　定位到锥度延长线的同时，进入刀尖右补偿方式；延长了 1mm 后的直径坐标值为 $138.1 - 2 \times (1/\tan25°) = 133.811$

G1 X155.9 Z-4.15 S400 F0.16；　　　　切削倾斜角为 115° 的锥度

X161.114 Z-33.947；　　　　　　　　　切削倾斜角为 175° 的锥度

G2 X177.053 Z-41.25 R8. ；　　　　　圆弧切削

G1 X181.9；

G3 X187.9 W-3. R3. ；　　　　　　　　圆弧切削

G1 Z-53. ；　　　　　　　　　　　　　延长了 1.75mm

N2 G40 U2. ；　　　　　　　　　　　　退刀，取消刀尖半径补偿

G0 X240. Z300. ；　　　　　　　　　　退刀到安全位置

T202 M3 S400；　　　　　　　　　　　换上外圆精车刀

G0 X196. Z60. ；　　　　　　　　　　定位到中间点

Z1. ；　　　　　　　　　　　　　　　定位到 G71 指令粗车循环的起点

G70 P1 Q2；　　　　　　　　　　　　精车循环

G0 X240. Z300. ；　　　　　　　　　退刀到安全位置

T303 M3 S350；　　　　　　　　　　换上内孔粗车刀

G0 X70. Z60. ；　　　　　　　　　　定位到中间点

Z1. ；　　　　　　　　　　　　　　定位到 G71 指令粗车循环的起点

G71 U2. R0.5；　　　　　　　　　　给定粗车循环的背吃刀量、退刀量

G71 P3 Q4 U-1. W0.1 F0.2；　　　给定精加工循环时的余量、粗车时的进给量

N3 G41 G0 X136.05；　　　　　　　建立刀尖半径补偿；切削到孔尺寸公差带的下极限偏差，加工时把精车刀 X 轴的偏置值调大 0.05～0.1mm，该尺寸仍在公差范围内

G1 Z-5.5 S400 F0.15；　　　　　给定精车时的转速、进给量

X128. ；

X126.743 Z-12.686；　　　　　　切削倾斜角为 5° 的锥度

G3 X116.781 Z-17.25 R5. ；　　圆弧切削

G1 X74. ；

X70.6 W-1.7；　　　　　　　　　倒角 1mm

N4 G40 W-1.　　　　　　　　　　延长 1mm，取消刀尖半径补偿

G0 X240. Z300. ;	退刀到安全位置
T404 M3 S400；	换上内孔精车刀
G0 X70. Z60. ；	定位到中间点
Z1. ；	定位到 G71 指令粗车循环的起始点
G70 P1 Q2；	精车循环
G0 Z20. M9；	刀具刚脱离工件就关闭切削液
M5；	停止主轴
X240. Z300. ；	退刀到安全位置
T101；	换上程序中的第一把刀
M30；	

细节提示：

外圆粗车加工使用 G71 指令，N1 ~ N2 中的 X 的最大坐标值要小于粗车循环定位起点的 X 坐标值；内孔粗车加工使用 G71 指令，N3 ~ N4 中的 X 的最小坐标值要大于粗车循环定位起点的 X 坐标值。

例 1-17 隔环的加工（斜线和圆相切，切点的计算 3）。

如图 1-21 所示，有一个隔环，毛坯外径尺寸为 $\phi143$mm，长度为 28mm 左右，内孔为 $\phi67$mm，材料为 45 钢，试编写其加工程序。

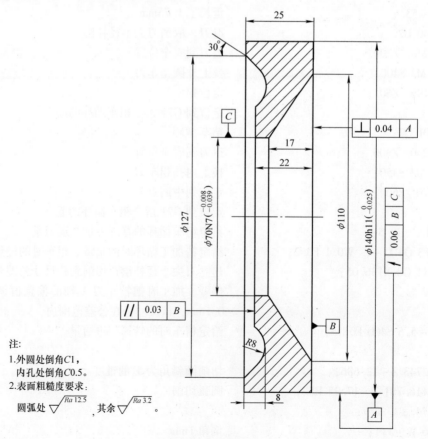

图 1-21 隔环

数学分析:

1. 和图样有关的尺寸计算

如图 1-21 所示,为了便于观察,我们把坐标系的零点设置在工件左端面的旋转中心上;在加工编程时,置换一下 Z 轴的正负符号即可。为了减少刀具磨损对尺寸的影响,把标注为"$\phi127$"的尺寸扩大 0.1mm,把圆弧半径扩大 0.05mm,圆心仍在左端面上。

根据图 1-21 所示,端面圆弧最深处到左端面的距离为 8.05mm,圆弧的半径为 8.05mm,可知圆心的 Z 坐标在左端面上。设圆心的坐标为 $(f,0)$,由圆的方程和直线的方程的联立,有

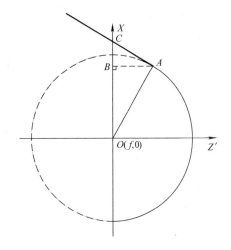

图 1-22　圆和倾斜于轴的直线相切的示意图

$$\begin{cases} (X-f)^2 + Z^2 = 8.05^2 & ① \\ X-63.55 = \tan150°(Z-0) & ② \end{cases}$$

把②移项后代入①,化简,得

$$4X^2 - (381.3 + 2f)X + 12051.005 + f^2 = 0 \qquad ③$$

由于只有一个交点,所以 $\Delta = b^2 - 4ac = 0$,化简,得

$$12f^2 - 1525.2f + 47426.39 = 0$$

选择 <63.55 的根,解得 $f = 54.25466067$。

把 f 代入③,由于只有一个交点,所以 $X = -b/(2a) = 61.22616517$。

把 X 代入②,解得 $Z = 4.024999998$。

下面这样解更便捷:

如图 1-22 所示,设圆心的坐标为 $(f,0)$,由圆的方程和直线的方程的联立,有

$$\begin{cases} (X-f)^2 + Z^2 = 8.05^2 & ④ \\ X-63.55 = \tan150°(Z-0) & ⑤ \end{cases}$$

$\angle COA = \angle CAB = 30°$,所以切点 A 的坐标 $Z = OA \times \sin30° = 4.025$

代入⑤式,得 $X = 63.55 + 4.025\tan150° = 61.22616517$

把 X、Z 代入④式,解得 $f = 54.25466067$

即 $R8$mm 圆心坐标为 $(54.25466067, 0)$;切点坐标为 $(61.226, 4.025)$,直径值取 122.452mm。计算出这个尺寸可用于检查工件是否合格。

$R8$mm 圆弧和图样标注"22"尺寸的左端的交点坐标,由圆的方程和直线的方程的联立,有

$$\begin{cases} (X-54.25466067)^2 + Z^2 = 8.05^2 \\ Z = 3 \end{cases}$$

根据图样,选择较小的根,解得 $X = 46.78455358$,直径值取 93.569mm。计算出这个尺寸可用于检查工件是否合格。

2. 和内孔车刀有关的尺寸计算

为了减小圆弧车刀的磨损,保持产品精度,对图样尺寸"22"标注线左边的部分轴向余量用内孔车刀加工 2.5mm,分 2 刀;留 0.5mm 余量给端面圆弧槽车刀加工。

把 $Z = 1.25$ 和 $Z = 2.5$ 分别代入②式,解得 $X = 62.8283$ 和 $X = 62.1066$,若半径值留 1mm 余量,编程时直径值取 123.657mm 和 122.213mm。

3. 和端面圆弧槽车刀圆心轨迹有关的尺寸计算

选用 $R2$ 的圆弧形车刀刀片，为了便于对该圆弧形刀片编程，我们把刀位点选择在刀片圆弧的圆心上。对刀时要注意，对在端面上时，要输入"Z 2."；对在外圆上时，要输入"X 对刀时实际测量的外圆尺寸 +4."；对在内孔上时，要输入"X 对刀时实际测量的内孔尺寸 –4."。

刀片圆心沿与②式直线内侧距离为 2mm 加工时的轨迹方程为：$X = \tan 150° \cdot Z + 63.55 - 2\sqrt{1 + \tan^2 150°}$，将该方程和刀片圆心在加工 $R8mm$ 圆弧时的轨迹方程的联立，可解得交点坐标，有

$$\begin{cases} (X - 54.25466067)^2 + Z^2 = (8.05 - 2)^2 & ⑥ \\ X = \tan 150° \cdot Z + 63.55 - 2\sqrt{1 + \tan^2 150°} & ⑦ \end{cases}$$

选择 Z 值较小的一个根，解得交点坐标为 $\begin{cases} X = 59.49421919 \\ Z = 3.024818435 \end{cases}$，直径值取 118.988mm。

刀片圆心在加工图样"22"尺寸左端时的轨迹为 $Z = 1$，代入⑥式，根据图样所示，选择 X 值较小的一个根，解得交点坐标为 $X = 48.28787762$，直径值取 96.576mm。

内孔车刀已经加工到了 Z2.5，端面槽最深处为 Z8.05，Z 向共剩余 8.05mm – 2.5mm = 5.55mm 余量。设计加工路线为，沿加工轨迹向 –Z 轴向偏移，粗加工时偏移 5 次，Z 向每次加工 1mm，合计 5mm；最后一刀为精加工。

沿与⑦式刀心精加工轨迹平行的粗加工时的刀心轨迹，设其方程为 $X = \tan 150° \cdot Z + 63.55 - 2\sqrt{1 + \tan^2 150°} - g$，根据三角函数关系，可得 $g = $ 偏移量 × tan（180° – 150°）。如果完全按照精加工的偏移路线，空走刀较多；出于安全和效率的考虑，多次偏移路径的起刀点统一设在 Z – 4.，此时刀片边缘距离工件左端面 2mm。

第一刀，偏移量为（5.55 – 1）mm × 1 = 4.55mm，解得 $X = 60.92305628$，直径值取 121.846mm。

第二刀，偏移量为（5.55 – 1）mm × 2 = 3.55mm，解得 $X = 61.50040654$，直径值取 123.001mm。

第三刀，偏移量为（5.55 – 1）mm × 3 = 2.55mm，解得 $X = 62.07775681$，直径值取 124.156mm。

第四刀，偏移量为（5.55 – 1）mm × 4 = 1.55mm，解得 $X = 62.65510708$，直径值取 125.310mm。

第五刀，偏移量为（5.55 – 1）mm × 5 = 0.55mm，解得 $X = 63.23245735$，直径值取 126.465mm。

第六刀，偏移量为 0，解得 $X = 63.55$，直径值取 127.1mm。

若是端面圆弧槽车刀粗加工分四刀，Z 向每次加工 1.25mm，合计 5mm；精加工一刀，则为：

第一刀，偏移量为（5.55 – 1.25）mm × 1 = 4.3mm，解得 $X = 61.06739384$，直径值取 122.135mm。

第二刀，偏移量为（5.55 – 1.25）mm × 2 = 3.05mm，解得 $X = 61.78908168$，直径值取 123.578mm。

第三刀，偏移量为（5.55 – 1.25）mm × 3 = 1.8mm，解得 $X = 62.51076952$，直径值取 125.022mm。

第四刀，偏移量为（5.55 – 1.25）mm × 4 = 0.55mm，解得 $X = 63.23245735$，直径值取 126.465mm。

第五刀，偏移量为 0，解得 $X = 63.55$，直径值取 127.1mm。

工艺分析：

先用正爪反撑，撑右端的内孔，加工外圆并倒角，加工左端的端面圆弧槽，并在内孔处倒角。刀柄轴线沿 Z 轴装夹，选择型号为 MGHH425R-98/160 的刀柄，型号为 MRMN400-M 的圆弧车刀刀片，半径为 2mm。选择尺寸合适的卡盘，先不装夹工件，锁紧卡爪，把卡爪车出一个台阶，尺寸约为 ϕ60mm 或略小，台阶深度约为 20mm。

再用反爪正夹，从左边夹持外圆，然后倒角、平端面，然后加工右端的内锥孔、内孔。

左侧参考程序如下：

O1022；	
G99 G97 M3 S550 T101；	换上外圆车刀
G0 X148. Z100. M8；	定位到中间点，打开切削液
Z3. ；	接近工件
G1 Z0 F0.5；	切削到平端面的起点
X62. F0.2；	平端面
G0 X135.875 Z1. ；	定位
G1 X139.875 Z-1. ；	倒角 1mm
Z-26. ；	车外圆，多车了 1mm
G0 X150. Z150. ；	退刀
T202 M3 S500；	换上适合加工盲孔的内孔粗车刀，伸出刀架尽量短些
G0 X64. Z80. ；	定位到中间点
Z2. ；	接近工件
G1 Z-1.25 F0.5；	第一刀的起点
X123.657 F0.2；	内孔车刀车第一刀
G0 X64. Z-0.5；	退刀
G1 Z-3.8 F0.5；	
X69.4 F0.2；	
X72. Z-2.5；	倒角 1.3mm，精加工后实际的倒角为 0.5mm
X122.213；	内孔车刀车第一刀
G0 X120. Z5. ；	退刀到孔口
Z150. ；	退刀
N20 T303 M3 S800；	换上端面圆弧槽车刀
G0 X121.846 Z50. ；	定位到中间点
Z4. ；	定位到第一刀的起点
G1 X118.988 Z1.525 F0.2；	第一刀偏移 4.55，Z 坐标为 4.55-3.025
G3 X96.576 Z3.55 R6.05；	加工端面圆弧槽，终点 Z 坐标为 4.55-1
G0 X123.001 Z4. ；	定位到第二刀的起点
G1 X118.988 Z0.525；	第二刀偏移 3.55，Z 坐标为 3.55-3.025
G3 X96.576 Z2.55 R6.05；	加工端面圆弧槽，终点 Z 坐标为 3.55-1
G0 X124.156 Z4. ；	定位到第三刀的起点
G1 X118.988 Z-0.475；	第三刀偏移 2.55，Z 坐标为 2.55-3.025
G3 X96.576 Z1.55 R6.05；	加工端面圆弧槽，终点 Z 坐标为 2.55-1

G0 X125. 31 Z4. ;	定位到第四刀的起点
G1 X118. 988 Z – 1. 475 ;	第四刀偏移 1. 55，Z 坐标为 1. 55 – 3. 025
G3 X96. 576 Z0. 55 R6. 05 ;	加工端面圆弧槽，终点 Z 坐标为 1. 55 – 1
G0 X126. 465 Z4. ;	定位到第五刀的起点
G1 X118. 988 Z – 2. 475 ;	第五刀偏移 0. 55，Z 坐标为 0. 55 – 3. 025
G3 X96. 576 Z – 0. 45 R6. 05 ;	加工端面圆弧槽，终点 Z 坐标为 0. 55 – 1
G0 X127. 1 Z4. ;	定位到第六刀的起点，精加工
G1 X118. 988 Z – 3. 025 ;	
G3 X96. 576 Z – 1. R6. 05 ;	
N40 G1 X64. ;	沿精加工路线加工
G0 Z20. M9 ;	刀具脱离工件，就关闭切削液
M5 ;	主轴停止
X100. Z200. ;	退刀
T101 ;	换上程序中的第一把刀
M30 ;	

如果端面圆弧槽车刀粗加工分四刀，精加工一刀，则 **N20 ~ N40** 的程序编写为：
……

N20 T303 M3 S800 ;	换上端面圆弧槽车刀
G0 X122. 135 Z50. ;	定位到中间点
Z4. ;	定位到第一刀的起点
G1 X118. 988 Z1. 275 F0. 2 ;	第一刀偏移 4. 3，Z 坐标为 4. 3 – 3. 025
G3 X96. 576 Z3. 3 R6. 05 ;	加工端面圆弧槽，终点 Z 坐标为 4. 3 – 1
G0 X123. 578 Z4. ;	定位到第二刀的起点
G1 X118. 988 Z0. 025 ;	第二刀偏移 3. 05，Z 坐标为 3. 05 – 3. 025
G3 X96. 576 Z2. 05 R6. 05 ;	加工端面圆弧槽，终点 Z 坐标为 3. 05 – 1
G0 X125. 022 Z4. ;	定位到第三刀的起点
G1 X118. 988 Z – 1. 225 ;	第三刀偏移 1. 8，Z 坐标为 1. 8 – 3. 025
G3 X96. 576 Z0. 8 R6. 05 ;	加工端面圆弧槽，终点 Z 坐标为 1. 8 – 1
G0 X126. 465 Z4. ;	定位到第四刀的起点
G1 X118. 988 Z – 2. 475 ;	第四刀偏移 0. 55，Z 坐标为 0. 55 – 3. 025
G3 X96. 576 Z – 0. 45 R6. 05 ;	加工端面圆弧槽，终点 Z 坐标为 0. 55 – 1
G0 X127. 1 Z4. ;	定位到第五刀的起点，精加工
G1 X118. 988 Z – 3. 025 ;	
G3 X96. 576 Z – 1. R6. 05 ;	
N40 G1 X64. ;	沿精加工路线加工

……

右侧参考程序如下：

O1024 ;	
G99 G97 M3 S550 T101 ;	换上外圆车刀
G0 X148. Z100. M8 ;	定位到中间点，打开切削液
Z3. ;	接近工件

```
G1 Z - 2. F0. 5;
X141. 875;
X137. 875 Z0 F0. 2;
X64. ;
G0 Z200. ;
N50 T202 M3 S600;
G0 X66. Z80. ;
Z1. ;
G71 U2. R0. 5;
G71 P1 Q2 U - 1. W0. 1 F0. 22;
N1 G0 X112. 46;

G1 X69. 976 Z - 17. F0. 16 S700;
N2 Z - 23. 5;
G0 X100. Z200. ;
T404 M3 S700;
G0 X66. Z80. ;
Z1. ;
G70 P1 Q2;
N60 G0 Z20. M9;
M5;
X100. Z200. ;
T101;
M30;
```

切削到倒角的起点
倒角 1mm
平右端面,给内孔车刀留下良好的作业面
退刀
换上内孔粗车刀
定位到中间点
定位到 G71 指令粗车循环的起点

G71 指令粗车循环的起点为 Z1,锥度延长后对应的直径值为 110. 1mm + 1 × (110. 1 - 69. 976)mm/17 = 112. 460
加工锥度

退刀
换上内孔精车刀

精加工内孔
刀具脱离工件,就关闭切削液
主轴停止
退刀
换上程序中的第一把刀

如果锥度处已有雏形,$\phi 70N7$ 和 $\phi 110mm$ 的孔毛坯尺寸分别为 $\phi 64mm$ 和 $\phi 103mm$,参考程序如下:

```
……
N50 T222 M3 S600;



G0 X112. 46 Z10. ;
Z1. ;
G1 X69. 976 Z - 17. F0. 22;
Z - 23. 5;
G0 U - 2. ;
Z1. ;
T223;



X112. 46;
G1 X69. 976 Z - 17. F0. 22;
Z - 23. 5;
G0 U - 2. ;
Z150. ;
```

换上内孔粗车刀,22 号 X 轴偏置值比该刀具正常对刀值小 4mm,第一刀的背吃刀量 1.5mm; Z 轴偏置值不变

23 号 X 轴偏置值比该刀具正常对刀值小 1mm,第二刀的背吃刀量为 1.5mm; Z 轴偏置值不变

T404 M3 S700；换上内孔精车刀，背吃刀量 0.5mm
G0 X112.46 Z10. ；
Z1. ；
G1 X69.976 Z – 17. F0.16；
Z – 23.5；
G0 U – 2. ；
N60 G0 Z20. M9；　　　　　　刀具脱离工件，就关闭切削液
……

这样，我们利用在程序中对一把刀具编写两个偏置值的方法来实现粗加工时不同的背吃刀量的目的，比直接去计算交点的坐标便捷多了。

细节提示：

端面圆弧槽车刀在对刀时一定要注意输入的数值，对刀错误和起刀点错误将导致碰撞！起刀点和工件的 Z 向距离一定要≥（刀尖圆弧半径 + 安全距离 1～4mm），和工件的 X 向距离一定要≥2×（刀尖圆弧半径 + 安全距离 1～4mm）。在用外圆/内孔圆弧车刀加工外圆/内孔上的圆弧槽时也按照类似的方法对刀，即把刀片的圆心设为刀位点。这样，在加工轮廓时，刀心和轮廓始终有一个刀片半径的距离。

例 1-18　"葫芦"的加工（圆弧与相交直线相切，切点的计算）。

如图 1-23 所示，该工件名叫"葫芦"，材料为 45 钢，毛坯为 $\phi 80 mm \times 54 mm$，左侧的槽 $13^{+0.2}_{+0.1} mm$、内孔 $\phi 20^{+0.021}_{0} mm$ 和台阶在夹右端时已经加工好，现在需要加工右侧外轮廓，编写其加工程序。

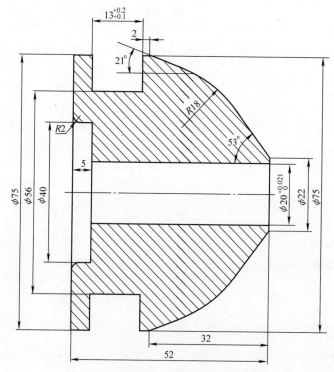

图 1-23　圆弧和相交直线相切的零件

数学分析：

该图样中最难的就是求两条直线和 $R18$mm 的圆弧的两个切点的坐标值，解题思路为：

方法一：先根据两条直线经过的点的位置和它们与第一轴（ $+Z$ 轴）之间的夹角得出其方程，解两条直线的联立方程，计算出交点坐标值。$R18$mm 圆弧的圆心就在经过这个交点的两条直线所成夹角的平分线上，且和两条直线中的任意一条的距离为 18mm。解与两条直线中的任意一条的距离为 18mm 的平行线和角的平分线的联立方程，求出圆心坐标值。根据圆和两条直线各自的联立方程，求出各自切点坐标值。

方法二：根据方法一计算出来的圆心坐标值，由两条已知直线，和经过圆心且与两条已知直线垂直（夹角为 90°）的直线的联立方程求出交点坐标值，这两个交点就是两条直线和 $R18$mm 的圆弧的两个切点。

方法三：由与两条已知直线的距离为 18mm 的其平行线的方程联立，求出交点坐标，交点就是圆心坐标。由圆的方程和两条已知直线各自的联立方程，求出其各自的切点坐标；或由两条已知直线，和经过圆心且与两条已知直线垂直（夹角为 90°）的直线各自的联立方程求出交点坐标值，这两个交点就是两条直线和 $R18$mm 的圆弧的两个切点。显然，后者的计算更简单一些。

如图 1-24 所示，经过点 A（11，0）和点 B（37.5，－32）的直线相交于点 C，经过点 C 作 $\angle ACB$ 的平分线，经过点 A 作 Z 轴的平行线，交 $\angle ACB$ 的平分线于点 D，作与 AC 的距离为 18mm 的平行线，交 $\angle ACB$ 的平分线于点 O，则点 O 就是 $R18$mm 圆弧的圆心。

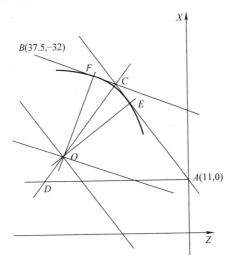

图 1-24　圆弧和两条相交直线相切，切点的求法

方法一的解法：两条直线经过的点的坐标为 A（11，0）、B（37.5，－32），倾斜角分别为 127°、159°。其联立方程为

$$\begin{cases} X - 11 = \tan127°(Z - 0) \\ X - 37.5 = \tan159°(Z + 32) \end{cases}$$

解得其交点坐标为 $\begin{cases} X = 31.00224674 \\ Z = -15.07277404 \end{cases}$

两条直线之间的夹角 $\angle ACB = 180° - |\ 159° - 127°\ | = 148°$，则角的平分线 $\angle ACD = \angle BCD = 74°$，$\angle CAD = 53°$，则在 $\triangle ACD$ 中，$\angle CDA = 180° - 74° - 53° = 53°$。

根据经过点 C、倾斜角为 53° 的直线和 AC 的平行线的方程的联立，有

$$\begin{cases} X - 31.00224674 = \tan 53° \cdot (Z + 15.07277404) \\ X - \tan 127° \cdot (Z - 0) = 11 - 18\sqrt{1 + \tan^2 127°} \end{cases}$$

解得其交点（$R18$ 圆心）坐标为 $\begin{cases} X = 16.04748547 \\ Z = -26.34199496 \end{cases}$

根据该圆的方程和倾斜角 127° 的直线的方程的联立，有

$$\begin{cases} (X - 16.04748547)^2 + (Z + 26.34199496)^2 = 18^2 \\ X - 11 = \tan 127° \cdot (Z - 0) \end{cases} \quad ①$$

化简得：$2.761047959Z^2 + 66.08046883Z + 395.3778081 = 0$

由于圆和直线相切，只有 E 点这一个切点，则 $Z = -b/(2a) = -11.96655578$；把 Z 代入①式，得 $X = 26.88015588$，直径值取 53.760mm。

根据该圆的方程和倾斜角 159° 的直线的方程的联立，有

$$\begin{cases} (X - 16.04748547)^2 + (Z + 26.34199496)^2 = 18^2 \\ X - 37.5 = \tan 159° \cdot (Z + 32) \end{cases} \quad ②$$

化简得 $1.1473515974Z^2 + 45.644794575Z + 453.9687914 = 0$

由于圆和直线相切，只有 F 点这一个切点，则 $Z = -b/(2a) = -19.89137187$；把 Z 代入②式，得 $X = 32.85193315$，直径值取 65.704mm。

方法二的解法：由方法一求出了 $R18$ 圆心的坐标为：$\begin{cases} X = 16.04748547 \\ Z = -26.34199496 \end{cases}$，则经过圆心且与 AC、BC 垂直的直线交 AC、BC 的点 E、F 必然是 $R18$mm 圆和 AC、BC 的切点，解经过圆心与两条直线各自的联立方程，有

$$\begin{cases} X - 11 = \tan 127° \cdot (Z - 0) \\ X - 16.04748547 = \tan(127° - 90°) \cdot (Z + 26.34199496) \end{cases}$$

解得 $\begin{cases} X = 26.88015588 \\ Z = -11.96655578 \end{cases}$，直径值取 53.760mm。

$$\begin{cases} X - 37.5 = \tan 159° \cdot (Z + 32) \\ X - 16.04748547 = \tan(159° - 90°) \cdot (Z + 26.34199496) \end{cases}$$

解得 $\begin{cases} X = 32.85193315 \\ Z = -19.89137187 \end{cases}$，直径值取 65.704mm。

方法三的解法：斜率（倾斜角）相同的两条平行线 $x = kz + a$ 和 $x = kz + b$（$a \neq b$）之间的距离公式为 $d = \dfrac{|a - b|}{\sqrt{1 + k^2}}$，$k$ 就是直线的斜率。若设直线与第一轴正方向的夹角为 α，则 $k = \tan\alpha$（$\alpha \neq 90°$）。由三角函数间的转换关系可知，$d = \dfrac{|a - b|}{\sqrt{1 + k^2}}$ 也可以写成 $d = |(a - b)\cos\alpha|$。

则根据题意，观察平行线间的位置关系，和两条已知直线 $\begin{cases} X - 11 = \tan 127° \cdot (Z - 0) \\ X - 37.5 = \tan 159° \cdot (Z + 32) \end{cases}$ 的距离为 18mm 的直线的方程为

$$\begin{cases} X - 11 = \tan 127° \cdot (Z - 0) - 18 \cdot \sqrt{1 + \tan^2 127°} \\ X - 37.5 = \tan 159° \cdot (Z + 32) - 18 \cdot \sqrt{1 + \tan^2 159°} \end{cases}$$

解得其交点（$R18$ 圆心）坐标为 $\begin{cases} X = 16.04748547 \\ Z = -26.34199496 \end{cases}$

解两条已知直线，和经过圆心且与两条已知直线垂直（夹角为90°）的直线各自的联立方程，有

$$\begin{cases} X - 11 = \tan127° \cdot (Z - 0) \\ X - 16.04748547 = \tan(127° - 90°) \cdot (Z + 26.34199496) \end{cases}$$

解得 $\begin{cases} X = 26.88015588 \\ Z = -11.96655578 \end{cases}$，直径值取 53.760mm。

$$\begin{cases} X - 37.5 = \tan159° \cdot (Z + 32) \\ X - 16.04748547 = \tan(159° - 90°) \cdot (Z + 26.34199496) \end{cases}$$

解得 $\begin{cases} X = 32.85193315 \\ Z = -19.89137187 \end{cases}$，直径值取 65.704mm。

工艺分析：

在夹紧右端加工左端时，外圆已加工到25mm长，延长了5mm。工件上槽的左壁到工件左端的壁厚为5mm，先在卡爪上车一个小台阶，轴向深度约4mm。夹紧槽左壁的外圆，粗精加工右端。

参考程序如下：

O1030；	
G99 G97 M3 S700 T101；	换上外圆粗车刀
G0 X86. Z100. M8；	定位到中间点，打开切削液
Z3.；	接近工件
G1 Z0 F0.5；	切削到平端面的起点
X18. F0.2；	平端面
G0 X80. Z1.；	定位到 G71 指令粗车循环的起点
G71 U2.5 R0.5；	设定粗车时的背吃刀量、退刀量
G71 P1 Q2 U1. W0.1 F0.22；	设定精加工时的余量、粗加工时的进给量
N1 G0 G42 X19.346；	定位到延长线倒角的起点，建立刀尖半径右补偿；当定位点为 Z1 时的 X 轴坐标值为 22mm − 2 × 1mm × tan53° = 19.34591036mm
G1 X53.76 Z−11.967 S900 F0.16；	设定精加工时的转速、进给量
G3 X65.704 Z−19.891 R18.；	圆弧切削
G1 X76.382 Z−33.8；	直线切削，Z 向延长了1.8mm，此时对应的直径值为 75mm + 2 × 1.8mm × tan21° = 76.382mm
N2 G40 W−2.；	多走了一段距离，取消刀尖半径补偿
G0 X100. Z200.；	退刀
T202 M3 S900；	换上精车刀
G0 X80. Z1.；	定位到原 G71 指令的起点
G70 P1 Q2；	精车
G0 Z20. M9；	刀具脱离工件，就关闭切削液
M5；	主轴停止
X100. Z200.；	退刀
T101；	换上程序中的第一把刀
M30；	

细节提示：

这道题的难度较大，关键是要通过图样中有限的信息寻找解题思路，思路打开了，问题迎刃而解。

例1-19 沟槽类工件的加工（子程序的应用技巧）。

如图1-25所示，该工件左端、外圆、台阶都已加工好，现在只需加工沟槽。采用切削刃宽度为3mm的车槽刀，左侧刀尖点为刀位点，工件材料为45钢。

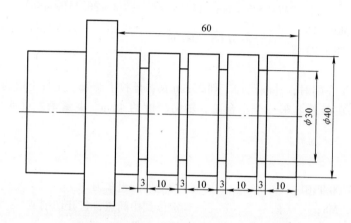

图1-25 沟槽类工件的加工

数学分析：

选用切削刃宽度和图样槽宽相等的车槽刀加工。采用不同方法有不同的坐标计算，详见下列程序。

工艺分析：

该工件上的槽宽等于切削刃宽度，用G75指令径向车槽循环或调用子程序都可以加工。如果是槽宽大于切削刃宽度的多个槽，或是槽底宽度大于切削刃宽度的多个V形槽，可以用子程序嵌套或在嵌套的子程序里用G75指令粗加工，再精加工沟槽轮廓的方法编程。

参考程序如下：

1. 用G75径向切削循环加工

O0039；	
G99 G97 T101 M3 S600；	
G0 X41. Z2. M8；	定位到X、Z两轴都在工件外的接近位置，而不是一步就定位到槽的上方，否则会有碰撞的可能
Z–13.；	再定位到槽的上方，即G75指令的加工起点，也是加工终点
G75 R0.2 F0.12；	每次沿径向切削后，半径的退刀量为0.2mm，值太小不断屑
G75 X30. Z–52. P700 Q13000；	每次径向切削的背吃刀量0.7mm，切到槽底后，返回原定位点的X坐标，再轴向移动13mm（槽间的距离）

G0 X100. Z150. M9；　　　　　　　从 X41. Z−13. 退刀到 X100. Z150.

M5；

M30；

细节提示：

G75 径向车槽循环在槽底不能暂停，刀具在槽底的轨迹就是螺旋线，如果槽的尺寸有公差，可以留有一定余量后再走一刀或者用子程序、子程序嵌套编程。

2. 调用子程序加工

O0040；

G99 G97 T101 M3 S600；

G0 X41. Z50. M8；

N1 Z0；

M98 P40041；

G0 X100. Z150. M9；

M5；

M30；

```
O0041；
N1 G0 W−13.；必须用增量坐标指定
G1 X30. F0.12；
G4 P120；        暂停0.12s，主轴转了1.2圈
N2 G0 X41.；
M99；
```

细节提示：

主程序是从 N1 这个程序段的 X41. Z0 开始调用子程序 O41 的，即从第一个槽的位置 Z−13. 处向右一个槽间距离 13mm 的 Z0 这个位置开始调用子程序，所以子程序的第一个程序段 N1 是 Z 轴移动的指令；末尾 N2 时刀具退到槽口。如果是从第一个槽的位置 X41. Z−13. 处开始调用子程序，子程序的开头必定是加工，结尾必定是"W−13."，当加工完第 4 个槽时，就会与左边的台阶碰撞。

3. 调用子程序嵌套加工

O0042；

G99 G97 T101 M3 S600；

G0 X40.8 Z50. M8；

N1 Z0；

N2 M98 P40043；

G0 X100. Z150. M9；

M5；

M30；

```
O0043；
N1 G0 W−13.；必须用增量
坐标指定
N2 M98 P80044；
G4 P120；
N3 G0 X40.8；
M99；
```

```
O0044；
N1 G0 U0.4；必须用增量坐标
指定
N2 G1 U−1.75 F0.12；必须用
增量坐标指定
M99；
```

细节提示：

除了"调用子程序加工"中的事项之外，还需要注意 O42 的 N1 的定位点是 X40.8，槽底的坐标是 X30.，两者相差 10.8mm，正好是 O44 程序每次运行之后径向的变化量"U−1.35"的 8 倍，这个"8 倍"体现在 O43 的 N2 程序段的调用次数上。这里的 O44，如果 N1 和 N2 颠倒了，虽然每次运行之后径向的变化量也是"U−1.35"，但在第 8 次调用时，刀具会先加工到 X29.6，再退到 X30.，从而导致工件报废！该主程序在执行时，从 X40.8 Z0 处调用 4 次 O43，先移动到 X40.8 Z−13. 后，调用 8 次 O44，刀具退到 X41.2 Z−13.，随后切削到 X39.45，没有空走刀。切削到槽底后，返回 O43，暂停 0.12s，主轴转了 1.2 圈，然后退回 X40.8，即返回到 O42 的 N2 之前的 X 轴坐标值。

新手和老手编写程序的差别往往就在细微之处，新手或许虑事不周，未能有效地预料到刀具的移动轨迹。编程时要直奔主题，不要有无用的程序，直线和圆弧切削时不能有空走刀，要尽

可能保证安全，避免碰撞，其次是提高加工效率。

编程要兼顾刀具寿命、机械安全和加工效率间的矛盾。比如某工件为45钢，有较多余量需要加工，粗加工的背吃刀量为3.5～4.0mm、进给量为0.35～0.40mm/r时，加工起来效率是很高，可是刀具寿命很短，一旦刀片破损，根本来不及反应，垫刀片和刀杆都要报废，工件也可能报废或从卡爪里飞出，还要重新换刀杆，装夹刀片，重新对刀，得不偿失。再说，这么大的切削用量，工件会不会在卡爪里转动，或向卡盘方向移动还未知，倒不如选择安全的切削用量来得稳妥。

例1-20 小套的加工（三角函数、勾股定理的应用）。

如图1-26所示，毛坯为 ϕ42mm，长棒料，材料为45钢，试编写其加工程序。

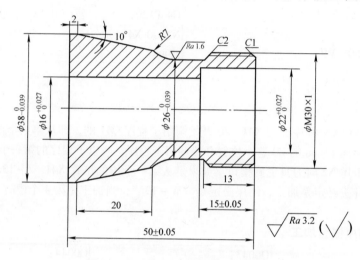

图1-26 锥度、直线和圆相交类零件

数学分析：

如图1-27所示，A 点的半径坐标可以用三角函数求出来，按公差带的中间值计算为 $18.99 - 20 \times \tan 10° = 15.46346039$，直径值取30.927mm。

A 点和 C 点间的半径的差值为图中的 BC，值为 $15.4635 - 12.99 = 2.4735$，$OC = 7$，所以 $OB = 7 - 2.4735 = 4.5265$，在 Rt$\triangle OBA$ 中，$AB = \sqrt{7^2 - 4.5265^2} = 5.33955$，取5.340mm。

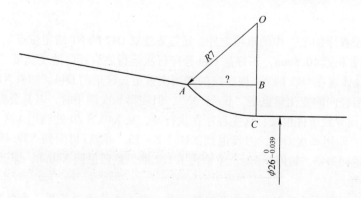

图1-27 锥度、直线和圆相交的计算

工艺分析：

内外轮廓在一次装夹中加工出来。平端面，钻中心孔，然后用约 $\phi14.5mm$ 的钻头，从钻肩计算钻至约 55mm 深，然后加工内孔。接着粗精加工外轮廓，车螺纹，最后切断。

参考程序如下：

O1100；	
G97 G99 M3 S1000 T101；	换上外圆粗车刀
G0 X100. Z100. M8；	定位到中间点，打开切削液
X46. Z2.；	接近工件
G1 Z0 F0.5；	切削到端面的起点
X-2. F0.2；	平端面
G0 X200. Z5. M9；	退刀；X 轴多退点，Z 轴不要退很远，方便钻孔
M5；	
M0；	程序准确停止；手动钻中心孔，钻 $\phi14.5mm$ 孔
G0 Z200.；	退刀到安全位置
M3 S700 T202；	内孔车刀伸出刀架 60mm 长
G0 X18. Z60. M8；	定位到中间点，打开切削液
Z1.；	接近工件，定位到孔口
G1 Z-14.9 F0.16；	粗车内孔
G0 U-1. Z1.；	退刀到孔口
X21.；	定位到下一刀的起点
G1 Z-14.9；	粗车内孔
G0 U-1. Z1.；	退刀到孔口
X26.；	定位到倒角的延长线上
G1 X22.015 Z-1. F0.12；	倒角 1mm
Z-15.；	车削
X18.；	
X16.015 W-1.；	倒角 1mm
Z-51.；	精车内孔，延长了 1mm
G0 U-1. Z200.；	退刀到安全位置
T303 M3 S900；	换上外圆尖车刀，粗车
G0 X42. Z60.；	定位到中间点
Z1.；	定位到 G73 循环的起点
G73 U7.5 W0 R4；	设定粗车的半径方向的总退刀量，即半径方向的粗车余量，为（42-26-1）mm/2＝7.5mm，分为 4 次
G73 P1 Q2 U1. W0 F0.2；	设定精车的余量，粗车的进给量
N1 G0 X26.；	定位到倒角的起点
G1 X29.85 Z-1. F0.16 S1200；	车到螺纹大径，倒角 1mm；设定精车时的转速、进给量
Z-11.；	
X25.98 W-2.；	倒角

Z – 22.66;	切削到圆弧和直线的切点上
G2 X30.927 Z – 28. R7.;	切削 R7mm 圆弧
G1 X37.98 Z – 48.;	切削锥度
N2 Z – 55.;	多切了 5mm，给切断刀留下平整的作业面
G0 X100. Z150.;	退刀
T404 M3 S1200;	换上外圆尖车刀，精车
G0 X42. Z1.;	定位到 G73 指令的起点
G70 P1 Q2;	精车
G0 X100. Z150.;	退刀
T505 M3 S800;	换上外螺纹车刀
G0 X32. Z4.;	定位到螺纹切削循环起点
G92 X29.2 Z – 16. F1.;	螺纹切削第一刀，背吃刀量 0.325mm
X28.8;	螺纹切削第二刀，背吃刀量 0.2mm
X28.7;	螺纹切削第三刀，背吃刀量 0.05mm
G0 X100. Z150.;	退刀
T606 M3 S650;	换上切断刀，切削刃宽 4mm，左刀尖为刀位点
G0 X41. Z2.;	定位到接近工件的位置
Z – 54.;	再定位到需要切断的位置上
G1 X15. F0.1;	切断，以较小的进给量
G0 X60. M9;	先沿 X 轴退刀到安全位置，关闭切削液
M5;	再停主轴
X100. Z150.;	退刀到安全位置
T101;	换上程序中的第一把刀
M30;	程序结束，光标返回程序开头

细节提示：

要从图样有限的尺寸信息中寻找最有价值的线索，找到突破口。

例 1-21 螺母的加工（椭圆线段步距 1）。

如图 1-28 所示，该工件毛坯为 $\phi 62mm \times 57mm$，材料为 45 钢，编写其加工程序。

数学分析：

该图样上有一处椭圆，但不知道该椭圆的对称中心是不是在 $Z = -22.8$ 这条直线上，图样并未明示。为此，我们假设对称中心在 $Z = -22.8$ 这条直线上，根据以这条直线为轴向零点的椭圆方程和直线方程的联立，有

$$\begin{cases} \dfrac{Z^2}{30^2} + \dfrac{X^2}{20^2} = 1 \\ X = 13 \end{cases}$$ ，解得 $Z = 22.79802623$，和图样所标尺寸 "22.8" 相符。

工艺分析：

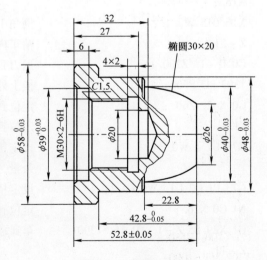

图 1-28 椭圆类零件

先夹持左端，加工右端。左端可供夹持的长度不多，所以工件尽量伸出卡盘短一些，为46～47mm，刀具能把右端面扫平就行了，把工件的轴向余量留给左端加工。垫上铜皮夹 φ48mm 处，平端面，保证总长52.8mm，手动钻中心孔，再换 φ20mm 钻头，从钻肩处测量32mm，用油性笔在钻头上做记号。然后内孔粗精加工，内槽、内螺纹加工。

参考程序如下：

O1090；	
G99 G97 M3 S750 T101；	换上外圆粗车刀
G0 X100. Z100. M8；	定位到中间点，打开切削液
X66. Z3. ；	接近工件
G1 Z0 F0. 5；	切削到平端面的起点
X – 2. F0. 2；	平端面
G0 X62. Z1. ；	定位到 G71 指令粗车循环的起点
G71 U2. R0. 5；	设定粗车时的背吃刀量、退刀量
G71 P1 Q2 U1. W0. 1 F0. 22；	设定精车余量、粗车进给量
N1 G0 G42 X26. ；	定位到椭圆起点外，建立刀尖半径补偿
G1 Z0 F0. 16 S1000；	切削到椭圆的起点上
#1 = 30. ；	椭圆在 Z 轴上的半轴长度
#2 = 20. ；	椭圆在 X 轴上的半轴长度
#3 = 22. 798；	椭圆加工起点相对于椭圆中心的 Z 轴坐标（距离）
#4 = 0；	椭圆加工终点相对于椭圆中心的 Z 轴坐标（距离）
#5 = 0. 15；	步距值，即每次 Z 轴的变化量
WHILE ［#3 GE #4］ DO 1；	未加工完时，执行到 END 1 之间的循环
#6 = #2 * SQRT ［#1 * #1 – #3 * #3］ /#1；	当 Z 轴坐标值作为自变量时，计算因变量 X 轴的半径坐标值
G1 X ［2 * #6］ Z ［#3 – 22. 798］；	切削椭圆
IF ［ABS ［#3 – #4］ LT 0. 001］ GOTO 10；	如果切削到了终点，就跳转到 N10，即跳出该循环体 1
#3 = #3 – #5；	Z 轴在变化
IF ［#3 LT #4］ THEN #3 = #4；	如果#3 小于#4，那么把#4 赋值给#3
END 1；	结束循环体 1
N10 G1 X46. ；	椭圆之后的第一个程序段
X47. 99 W – 1. ；	倒角1mm，切削到公差带的中间值
Z – 42. 78；	加工到轴向尺寸公差带的中间值
X55. ；	沿 X 轴切削
U4. W – 2. ；	倒角1.5mm，延长了0.5mm
N2 G40 U1. ；	取消刀尖半径补偿
G0 X100. Z150. ；	退刀
T202 M3 S1000；	换上外圆精车刀
G0 X62. Z60. ；	定位到中间点

Z1. ;	定位到 G71 指令粗车循环的起点
G70 P1 Q2 ;	精车
G0 Z20. M9 ;	刀具脱离工件，关闭切削液
M5 ;	主轴停止
G0 X150. Z200. ;	退刀
M0 ;	程序准停，调头装夹
T121 M3 S800 ;	换上外圆粗车刀，调用另一个偏置值
G0 X66. Z6. M8 ;	定位到接近工件的位置，打开切削液
G1 Z2. F0.5 ;	工件长度余量较多，分 2 次切削保证总长
X - 2. F0.2 ;	第一次平端面
G0 X66. W1. ;	退刀
G1 Z0 F0.5 ;	切削到第二次平端面的起点
X16. F0.2 ;	这次不需要切削到旋转中心，后续有钻头会加工掉这里
G0 X59. Z1. ;	定位到外圆粗加工的起点
G1 Z - 9.5 ;	外圆粗加工
G0 U1. Z1. ;	退刀
X53. ;	定位到倒角的起点
G1 X57.99 W - 2.5 ;	倒角 1.5mm，编到公差带的中间值
Z - 9.6 ;	精车外圆，此时距离卡爪端面仅有 0.4mm
G0 X200. Z5. M9 ;	退刀，关闭切削液，Z 向不要退远
M5 ;	主轴停止
M0 ;	手动钻中心孔，钻 ϕ20mm 孔
G0 Z150. ;	先退刀
M3 S500 T303 ;	然后再换上内孔粗车刀
G0 X20. Z60. M8 ;	定位到中间点，打开切削液
Z1. ;	定位到 G71 指令粗车循环的起点
G71 U1.5 R0.5 ;	设定粗车循环的背吃刀量、退刀量
G71 P3 Q4 U - 1. W0.1 F0.2 ;	设定精车时的余量、粗车时的进给量
N3 G0 X43. ;	定位到内孔倒角的起点
G1 X39.01 Z - 1. S650 F0.15 ;	倒角 1mm，切削到公差带的中间值，设定精车时的转速、进给量
Z - 6. ;	
X31. ;	
X28. W - 1.5 ;	倒角 1.5mm，切削到内螺纹的小径
N4 Z - 27. ;	
G0 Z200. ;	退刀
T404 M3 S650 ;	换上内孔精车刀
G0 X20. Z1. ;	定位到 G71 指令循环的起点
G70 P3 Q4 ;	精车循环
G0 X150. Z200. ;	退刀

T505 M3 S450;	换上内槽车刀
G0 X26. Z60.;	定位到中间点
Z1.;	定位到孔口，接近工件
Z－26.;	接近槽的轴向位置
G1 Z－27. F0.2;	切削到槽的轴向位置
X32. F0.1;	车槽，以较小的进给量
G0 X26.;	先退 X 轴
Z200.;	再退 Z 轴到安全位置
T606 M3 S800;	换上内螺纹车刀
G0 X25. Z60.;	定位到中间点
Z1.;	定位到螺纹切削循环的起点
G92 X28.9 Z－24.5 F2.;	螺纹切削第一刀，背吃刀量 0.45mm
X29.5;	螺纹切削第二刀，背吃刀量 0.3mm
X29.9;	螺纹切削第三刀，背吃刀量 0.2mm
X30.;	螺纹切削第四刀，背吃刀量 0.05mm
G0 Z20. M9;	刀具刚脱离工件，就关闭切削液
M5;	主轴停止
X100. Z300.;	退刀到安全位置
T101;	换上程序中的第一把刀
M30;	

例 1-22 复合件的加工（椭圆线段步距 2）。

如图 1-29 所示，该工件毛坯为 $\phi50\text{mm} \times 100\text{mm}$，材料为 45 钢，编写其加工程序。

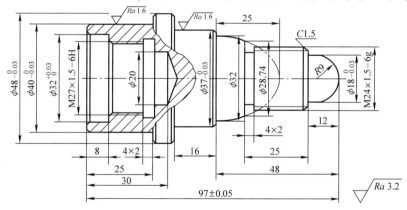

图 1-29 含有椭圆的复合件

数学分析：

假设工件坐标系的 $Z－48$ 是椭圆的对称轴，则图样中的椭圆的方程和 $Z＝－37$ 的直线的方程的联立，有 $\begin{cases} \dfrac{(Z+48)^2}{25^2} + \dfrac{X^2}{16^2} = 1 \\ Z = -37 \end{cases}$，解得 $X = 14.36796437$，直径值为 28.73592873mm，和图样标注的 "$\phi28.74$" 接近，所以椭圆的对称轴是直线 $Z＝－48$。

工艺分析：

统一在普通车床上用外圆刀平一下端面；先夹持右端，工件伸出卡盘 40mm 长；在尾座上装夹中心钻，钻中心孔；然后换上 ϕ20mm 钻头，从钻肩处测量 30mm，用记号笔做记号，钻 30mm 深；换上外圆粗精车刀平端面，车外圆、台阶至超过 33mm；换上内孔粗精车刀加工内孔；换上内槽车刀加工内槽；换上内螺纹车刀加工内螺纹。

调头装夹，换上外圆粗车刀平端面，保证总长；用外圆粗精车刀加工外轮廓的圆弧、倒角、螺纹大径、椭圆、外圆、倒角；换上车槽刀加工外槽；加工外螺纹。

左端的参考程序如下：

O0087；	
G99 G97 M3 S800 T101；	换上外圆粗车刀
G0 X100. Z100. M8；	定位到中间点，打开切削液
X56. Z0；	定位到平端面的起点
G1 X17. F0.2；	平端面
G0 X50. Z1.；	定位到 G71 指令轴向粗加工循环的起点
G71 U2.5 R0.3；	设定粗加工时的背吃刀量、退刀量
G71 P1 Q2 U1. W0.1 F0.22；	设定两轴精加工余量、粗车进给量
N1 G0 X36.；	定位到倒角的延长线上
G1 X39.985 Z-1. F0.16 S1200；	倒角 1mm；设定精加工时的进给量、转速
Z-25.；	车外圆
X46.；	倒角的起点
X47.985 W-1.；	倒角 1mm
N2 Z-36.；	车台阶处的外圆，多车了 3mm
G0 X100. Z150.；	退刀到安全位置
T202 M3 S1200；	换上外圆精车刀
G0 X50. Z1.；	定位到 G71 指令轴向粗加工循环的起点
G70 P1 Q2；	精车循环
G0 X100. Z150.；	退刀到安全位置
T303 M3 S650；	换上内孔粗车刀
G0 X20. Z1.；	定位到 G71 指令轴向粗加工循环的起点
G71 U1.7 R0.3；	设定粗加工时的背吃刀量、退刀量
G71 P3 Q4 U-1. W0.1 F0.2；	设定两轴精加工余量、粗车进给量
N3 G0 X36.；	定位到倒角的延长线上
G1 X32.015 Z-1. F0.16 S850；	倒角 1mm，设定精加工时的进给量、转速
Z-8.；	车内孔
X28.5；	
X25.5 W-1.5；	倒角 1.5mm
N4 Z-25.1；	多车了 0.1mm
G0 Z200.；	退刀到安全位置
T404 M3 S850；	换上内孔精车刀
G0 X20. Z1.；	定位到 G71 指令轴向粗加工循环的起点
G70 P3 Q4；	精车循环

G0 Z200. ;	退刀到安全位置
T505 M3 S500 ;	换上内车槽刀
G0 X24. Z2. ;	定位到孔口，接近工件的位置
Z - 24. ;	定位到接近槽的位置
G1 Z - 25. F0.2 ;	切削到槽的上方
X29.5 F0.08 ;	切槽，较小的进给量
G0 X24. ;	沿 X 轴直接退刀
Z200. ;	退刀到安全位置
T606 M3 S600 ;	换上内螺纹车刀
G0 X24. Z2. ;	定位到孔口，接近工件的位置
Z - 5. ;	定位到螺纹切削循环的起点
G92 X26.2 Z - 22.5 F1.5 ;	螺纹切削循环第一刀，背吃刀量 0.35mm
X26.6 ;	螺纹切削循环第二刀，背吃刀量 0.2mm
X26.9 ;	螺纹切削循环第三刀，背吃刀量 0.15mm
X27. ;	螺纹切削循环第四刀，背吃刀量 0.05mm
G0 Z20. M9 ;	退刀到孔口外，关闭切削液
M5 ;	主轴停止
X100. Z200. ;	退刀到安全位置
T101 ;	换上程序中的第一把刀
M30 ;	程序结束并复位，给工件计数器计数

右端的参考程序如下：

O0088 ;	
G99 G97 M3 S800 T101 ;	换上外圆粗车刀
G0 X100. Z100. M8 ;	定位到中间点，打开切削液
X56. Z0 ;	定位到平端面的起点
G1 X - 2. F0.2 ;	平端面
G0 X50.5 Z1. ;	定位到 G71 指令轴向粗车循环的起点
G71 U2.5 R0.3 ;	设定粗车循环的背吃刀量、退刀量
G71 P1 Q2 U1. W0.1 F0.25 ;	设定精加工余量、粗车进给量
N1 G0 X0 ;	
G1 Z0 F0.16 S1200 ;	切削到圆弧的起点
G3 X17.985 Z - 9. R9. ;	切削逆时针圆弧
G1 Z - 12. ;	这里还有 3mm 外圆
X20.8 ;	切削到倒角的起点
X23.8 W - 1.5 ;	倒角 1.5mm
Z - 37. ;	切削到退刀槽的左侧
X28.736 ;	切削到椭圆的起点
#1 = 25. ;	椭圆在 Z 轴上的半轴长度
#2 = 16. ;	椭圆在 X 轴上的半轴长度
#3 = 11. ;	椭圆加工起点相对于椭圆中心的 Z 轴坐标（距离）
#4 = 0 ;	椭圆加工终点相对于椭圆中心的 Z 轴坐标（距离）

#5 = 0.15 ;	步距值，即每次 Z 轴的变化量
N6 WHILE ［#3 GE #4］ DO 1 ;	未加工完时，执行到 END 1 之间的循环
N7 #6 = #2 * SQRT ［#1 * #1 – #3 * #3］/#1 ;	
	当 Z 轴坐标值作为自变量时，计算因变量 X 轴的半径坐标值
N8 G1 X ［2 * #6］ Z ［#3 – 48.］ ;	切削椭圆
N9 IF ［ABS ［#3 – #4］ LT 0.001］ GOTO 13 ;	
	如果切削到了终点，就跳转到 N13，即跳出该循环体 1
N10 #3 = #3 – #5 ;	Z 轴在变化
N11 IF ［#3 LT #4］ THEN #3 = #4 ;	如果#3 小于#4，那么把#4 赋值给#3
N12 END 1 ;	结束循环体 1
N13 G1 X35. ;	切削到倒角的起点
X36.985 W – 1. ;	倒角 1mm
Z – 64. ;	车外圆
X46. ;	倒角的起点
N2 U4. W – 2. ;	倒角 1mm，延长了 1mm；此时为 X50，比定位点的 X50.5 略小
G0 X100. Z150. ;	退刀到安全位置
T202 M3 S1200 ;	换上外圆精车刀
G0 X50.5 Z1. ;	定位到粗车循环的起点
G70 P1 Q2 ;	精车循环
G0 X100. Z150. ;	退刀到安全位置
T303 M3 S500 ;	换上车槽刀
G0 X30. Z2. ;	定位到接近工件的位置
Z – 37. ;	定位到槽的上方
G1 X21.8 F0.1 ;	车到槽底，较小的进给量
G0 X40. ;	沿 X 轴退刀
Z200. ;	退刀到安全位置
T404 M3 S800 ;	换上外螺纹车刀
G0 X26. Z4. ;	定位到接近工件的位置
Z – 8. ;	定位到螺纹车削循环的起点
G92 X22.8 Z – 34.5 F1.5 ;	螺纹车削第一刀，背吃刀量 0.5mm
X22.2 ;	螺纹车削第一刀，背吃刀量 0.3mm
X22.05 ;	螺纹车削第一刀，背吃刀量 0.075mm
G0 Z20. M9 ;	退刀到工件外，关闭切削液
M5 ;	主轴停止
X150. Z200. ;	退刀到安全位置
T101 ;	换上程序中的第一把刀
M30 ;	程序结束并复位，给工件计数器计数

例1-23 数控大赛复合件的加工（椭圆线段步距3）。

如图1-30所示，该图样为某一年数控大赛的试题，工件毛坯尺寸为$\phi50\text{mm} \times 100\text{mm}$，材料为45钢。

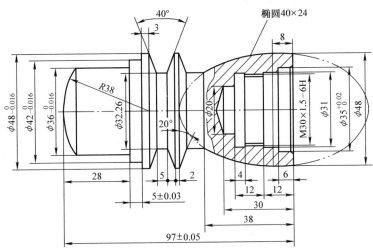

图1-30 椭圆类复杂件

数学分析：

这是数控车床领域一道经典的椭圆工件类竞赛试题。

图样左端$R38\text{mm}$圆弧对应的Z向尺寸，由勾股定理可得，$(38 - Z)^2 + (\frac{35.992}{2})^2 = 38^2$，解得$Z = 4.531$。

再来计算槽左右两个侧壁的Z向尺寸，由三角函数可得，$\tan\frac{40°}{2} = \frac{Z}{(47.992 - 32.26)/2}$，解得$Z = 2.863$。当卡盘夹住椭圆这边的毛坯时，左侧槽口为$Z - 46.726$，左侧槽底为$Z - 43.863$，右侧槽口为$Z - 36.$，左侧槽底为$Z - 38.863$。

图样右端的椭圆，和38尺寸指引线左端的交点坐标，根据椭圆方程和直线方程的联立，有$\begin{cases} \dfrac{(Z+8)^2}{40^2} + \dfrac{X^2}{24^2} = 1 \\ Z = -38 \end{cases}$，解得$X = 15.8745$，直径值为$31.7490\text{mm}$。椭圆和右端$Z = 0$的交点坐标，根据椭圆方程和直线方程的联立，有$\begin{cases} \dfrac{(Z+8)^2}{40^2} + \dfrac{X^2}{24^2} = 1 \\ Z = 0 \end{cases}$，解得$X = 23.5151$，直径值为$47.0302\text{mm}$。

图样中另一处斜面对应的Z向尺寸，由三角函数可得，$\tan\frac{40°}{2} = \frac{Z}{(47.992 - 31.749)/2}$，解得$Z = 2.956$。

椭圆部分的左侧$\phi31.749\text{mm}$这段，经过计算，其长度为7.318mm。

工艺分析：

该工件中间的槽，采用粗精加工，先加工槽轴向的正中，直径上留点余量，用G75径向切削循环，定位点为X49，每次背吃刀量为0.65mm，第一刀就能加工到工件；然后加工到左侧剩余轴向位置的中间值，为$(-43.363 - 46.726)\text{mm}/2 = -45.0445\text{mm}$，取$Z - 45.045$，再加工到右侧剩余轴向位置的中间值，为$(-39.363 - 36)\text{mm}/2 = -37.6815\text{mm}$，取$Z - 37.681$；这两个位置关于槽的中心是对称的，其两者值的和为槽中间值 Z – 41. 363 的 2 倍，在这两个轴向尺寸上对应的槽壁的坐标均为 47. 992 – 2 × (46. 726 – 45. 045)/tan20°，或 47. 992 – 2 × (37. 681 – 36)/tan20° = 38. 755，留 0. 5mm 的余量，取值 X39. 255；直接退 X 轴到 X49，移动到左侧槽壁的延长线上，该位置的 Z 向坐标为 – 46. 726 – (49 – 47. 992)/2 × tan20°，或 – 43. 863 – (49 – 32. 26)/2 × tan20° = – 46. 909；右侧槽壁的延长线上的位置，和左侧槽壁的延长线上的位置关于槽中间值 Z – 41. 363 对称，为 2 × (– 41. 363mm) + 46. 909mm = – 35. 817mm。注意，多数情况下，我们都是用车槽刀的左侧刀尖去对刀，在编程时，要把计算出来的槽右侧的 Z 坐标减去一个刀头宽度。

在卡爪上垫上铜皮，半夹紧 $\phi36_{-0.016}^{\ 0}$ mm 处，在磁性表座上安装指示表，指向 $\phi32. 26$ mm 处，用手转动主轴，使跳动量在 0. 02mm 以内，夹紧之后再测量一次，以保证同轴度；否则槽右边 2mm 的这段外圆就会出现偏差。选择主偏角 93°、刀尖角 35°的 7 号刀具，对好 X 轴后，轻轻平一下端面，测量端面和 $\phi48_{-0.016}^{\ 0}$ mm 处的距离，使其距离为 64mm 时，输入 7 号偏置，按下"Z0"、[测量] 软键。注意平端面时一定要把圆心处的凸点车掉。在尾座上装夹长度合适的 $\phi20$ mm 钻头，从钻肩处测量 30mm，用油性笔做个记号，旋转主轴，开切削液，手动钻削至该记号处。退回尾座，把 4 号内孔车刀、5 号内车槽刀、6 号内螺纹车刀依次对好。

椭圆左边的 20°斜面，如果在调头前加工槽时也加工了该处，很容易留下接刀痕迹，我们用 G73 把椭圆和这个斜面一次加工出来，该斜面在编程时延长 1mm，为 X49，对应的 Z 向坐标值为 – 45. 318 – (49 – 31. 749)/2 × tan20°或 – 48. 274 – (49 – 47. 992)/2 × tan20° = – 48. 457；毛坯棒料直径和工件最小直径的差值为 (50 – 31. 749) mm = 18. 251mm，去掉 1mm 的精加工余量，粗加工的半径值为 8. 625mm，分为 4 次加工，背吃刀量合理。

参考程序如下：

O0040；	
G97 G99 M3 S800 T101；	T101 为 93°外圆车刀
G0 X100. Z100. M8；	定位到中间点，打开切削液
X56. Z0；	定位到平端面的上方
G1 X – 2. F0. 2；	平端面
G0 X50. Z1.；	定位到 G71 指令的起点上
G71 U3. R0. 5 F0. 22；	设定背吃刀量、退刀量、进给量
G71 P1 Q2 U1. W0. 1；	设定两轴的精加工余量
N1 G0 X0；	
G1 Z0 F0. 15 S1000；	
G3 X35. 992 Z – 4. 531 R38.；	加工到公差带的中间值
G1 Z – 28.；	
X40.；	
X41. 992 W – 1.；	加工到公差带的中间值
Z – 33.；	
X46.；	
X47. 992 W – 1.；	加工到公差带的中间值
N2 Z – 51.；	
G0 X100. Z200.；	退刀到安全位置
T202 M3 S1000；	换上 93°精车刀

G0 X50. Z1. ;	定位到原 G71 指令的起点上
G70 P1 Q2 ;	精加工
G0 X100. Z200. ;	退刀
T303 M3 S600 ;	换上车槽刀，切削刃宽 4mm，左刀尖为刀位点，降低主轴转速
G0 X49. Z2. ;	定位到工件外接近工件的位置上
Z−43.363 ;	定位到槽 Z 向中间的位置上
G75 R0.3 F0.12 ;	设定径向切削循环的退刀量，进给量
G75 X32.4 Z−43.363 P650 Q0 ;	在该位置切削，径向留点余量，轴向没有移动，每次背吃刀量 0.65mm，共 13 刀
G0 Z−45.045 ;	移动到左侧剩余轴向距离的中间
G75 R0.3 F0.12 ;	
G75 X39.255 Z−45.045 P650 Q0 ;	在该位置切削，径向留 0.5mm 的余量，轴向没有移动，每次背吃刀量 0.65mm，共 8 刀
G0 Z−41.681 ;	移动到右侧剩余轴向距离的中间
G75 R0.3 F0.12 ;	
G75 X39.255 Z−41.681 P650 Q0 ;	在该位置切削，径向留 0.5mm 的余量，轴向没有移动，每次背吃刀量 0.65mm，共 8 刀
G0 Z−39.767 S750 ;	移动到右侧壁的延长线上，轴向向右扩大了 0.05mm，适当提高转速
G1 X32.26 Z−42.813 F0.15 ;	沿 20°角切削到右侧槽底，轴向向右扩大了 0.05mm
Z−43.3 ;	向左切削，和第一次 G75 指令的位置相差 0.063mm
G0 X49. ;	沿 X 轴直接退刀
Z−46.959 ;	移动到左侧壁的延长线上，轴向向左扩大了 0.05mm
G1 X32.26 Z−43.913 ;	沿 20°角切削到左侧槽底，轴向向左扩大了 0.05mm，此时槽口、槽底关于槽轴向中心对称性地扩大了 0.1mm
G4 X0.1 ;	暂停，S750 时 0.1s 转了 1.25 圈 >1 圈，这样槽底才不是螺旋线
G0 X100. M9 ;	沿 X 轴直接退刀，关闭切削液
M5 ;	主轴停止
Z200. ;	退刀到安全位置
M0 ;	程序准确停止，调头装夹，手动平端面保证总长，尾座装夹钻头手动钻削至 30mm 深
T404 M3 S550 ;	换上不通孔内孔车刀，转速不宜过高
G0 X19. Z50. M8 ;	定位中间点，打开切削液
Z1. ;	定位到 G71 指令的起点
G71 U1.5 R0.5 F0.2 ;	设定 G71 指令粗加工的背吃刀量、退刀量、进给量
G71 P3 Q4 U−1. W0.1 ;	车内孔，U 用负值
N3 G0 X39. ;	定位到倒角的延长线上
G1 X35.01 Z−1. F0.15 S650 ;	加工到公差带的中间值，倒角；设定精加工进给量、转速

Z – 6. ;	
X33. ;	
X31. 1 W – 1. ;	该孔无公差，孔径加大了 0.1mm
Z – 12. ;	
X30. 5 ;	
X28. 5 W – 1. ;	
Z – 24. 1 ;	该深度无公差，Z 向多加工了 0.1mm
N4 X20. ;	
G70 P3 Q4 ;	精加工
G0 Z300. ;	沿 Z 轴直接退刀到安全位置
T505 M3 S500 ;	换上内槽车刀，切削刃宽 4mm
G0 X26. Z1. ;	定位到孔口
Z – 23. ;	定位到接近槽的位置
G1 Z – 24. F0. 3 ;	切削到槽的上方
X31. 1 F0. 1 ;	车槽，进给量较小
G0 X26. ;	沿 X 轴直接退刀
Z300. ;	沿 Z 轴直接退刀到安全位置
T606 M3 S700 ;	换上内螺纹车刀，适当提高转速
G0 X26. Z2. ;	定位到孔口
Z – 8. ;	定位到螺纹循环的起点，Z 向距离被加工螺纹处 2 倍导程以上
G92 X29. 3 Z – 22. F1. 5 ;	螺纹加工循环第一刀车削，背吃刀量 0.4mm
X29. 7 ;	螺纹加工循环第二刀车削，背吃刀量 0.3mm
X30. ;	螺纹加工循环第三刀车削，背吃刀量 0.15mm
X30. ;	螺纹加工循环第四刀车削，背吃刀量 0，光一刀
G0 Z300. ;	沿 Z 轴直接退刀到安全位置
T707 M3 S800 ;	换上 7 号刀具，主偏角 93°、刀尖角 35°
G0 X60. Z2. ;	定位到接近工件的位置
Z0. 1 ;	定位到 G73 指令循环的起点
G73 U8. 625 W0 R4 ;	设定粗加工的参数，轨迹非单调变化，W 取 0
G73 P5 Q14 U1. W0 F0. 18 ;	设定精加工的余量、进给量
N5 G0 X47. 03 ;	
G1 Z0 F0. 15 S1000 ;	移动到的位置，就是椭圆起点的位置，不能有偏差
#1 = 40. ;	椭圆在 Z 轴上的半轴长度
#2 = 24. ;	椭圆在 X 轴上的半轴长度
#3 = 8. ;	椭圆加工起点相对于椭圆中心的 Z 轴坐标（距离）
#4 = – 30. ;	椭圆加工终点相对于椭圆中心的 Z 轴坐标（距离）
#5 = 0. 15 ;	步距值，即每次 Z 轴的变化量
N6 WHILE [#3 GE #4] DO 1 ;	未加工完时，执行到 END 1 之间的循环
N7 #6 = #2 * SQRT[#1 * #1 – #3 * #3]/#1 ;	
	当 Z 轴坐标值作为自变量时，计算因变量 X 轴的半径坐

标值

N8 G1 X [2ᵗ#6] Z [#3 - 8.]；　　　切削椭圆

N9 IF [ABS [#3 - #4] LT 0.001] GOTO 13；

　　　　　　　　　　　　　　如果切削到了终点，就跳转到 N13，即跳出该循环体 1

N10 #3 = #3 - #5；　　　　　 Z 轴在变化

N11 IF [#3 LT #4] THEN #3 = #4；　如果#3 小于#4，那么把#4 赋值给#3

N12 END 1；　　　　　　　　结束循环体 1

N13 G1 X31.749 Z - 45.318；　切削 φ31.749mm 这段

N14 X49. Z - 48.457；　　　切削 20°斜面

G0 X100. Z200.；　　　　　退刀

T808 M3 S1000；　　　　　 换上 8 号精车刀，主偏角 93°、刀尖角 35°

G0 X60. Z0.1；　　　　　　 定位到原 G73 指令循环的起点

G70 P5 Q14；　　　　　　　精加工

G0 X100. Z300. M9；　　　 退刀，关闭切削液

M5；

M30；

细节提示：

1）即使我们为 $\phi 36_{-0.016}^{0}$ mm、$\phi 42_{-0.016}^{0}$ mm、$\phi 48_{-0.016}^{0}$ mm 这三处公差轴编写的程序是 X35.992、X41.992、X47.992，即使对刀无误，即使精加工时的切削三要素相同，即使温度相同，也无法保证加工出来的尺寸就是 φ35.992mm、φ41.992mm、φ47.992mm，如果直径的差别较大，则误差更大。一般来说，公称尺寸大的轴，相同条件下加工出来的尺寸有偏大的趋势。所以这时，请相信你的量具，而不是程序，不要想当然。如尺寸有误差，可以在程序中对 X 轴的坐标值略微调整一下。

如果已经加工出来了合格的尺寸，请不要随意修改程序中的切削三要素，以免尺寸超出公差范围。根据经验，切削三要素的改变，对加工尺寸有影响：切削速度提高，其他不变；转进给量减小，其他不变；背吃刀量减小，其他不变，可以切除掉更多的金属材料。

2）椭圆这里，如果步距值#5 能被自变量的变化量（#3 - #4）整除（不是除尽），N9、N11 这两行程序就没有什么作用了。但该例中，自变量的变化量是 38mm，步距值每次改变 0.15mm，当计算了 253 次之后的末值对应的工件坐标是 Z - 37.95，不是图示的终点 Z - 38.0。那么最后的这 0.05mm 就不会加工了。

为了能够让刀具加工到最后小于步距值#5 的一段距离，加入了 N9、N11 这两行程序。在该程序中，当加工完 Z - 37.95 对应的位置后，执行 N9，但不符合其条件；顺序执行 N10，计算出的新#3 值为 - 30.10；顺序执行 N11，此时，由于 - 30.10 < - 30.00，那么就把 - 30.00 赋值给新#3；程序返回 N6，经过判断其在有效定义域内，即未加工完（注意这里的比较符号只能是"GE"，如果是"GT"，最后小于步距值#5 的这段距离就不会加工）；顺序执行 N7，计算终点的 X 轴的半径坐标值；N8 切削，"Z [#3 - 8.]"，为了使椭圆坐标系和工件坐标系统一，所以取"- 8."；N9，如果#3 和#4 相等，就跳转到 N13，此时二者正好相等，就跳转到椭圆之外的程序了。而如果没有 N9 这段程序，就陷入了死循环，跳不出椭圆这个坑。

3）精加工时直径余量的选择：加工外圆，塑性材料一般留 0.5 ~ 1.0mm，脆性材料一般留 0.3 ~ 0.8mm；加工内孔，塑性材料一般留 0.7 ~ 1.0mm，脆性材料一般留 0.5 ~ 1.0mm。如果是

塑性材料，加工内孔时留的余量太小，压不住刀，往往会有振纹。

例1-24 椭圆复合件的加工（椭圆角度步距）。

如图1-31所示，工件毛坯为 $\phi35\text{mm} \times 82\text{mm}$，材料为45钢，试编写其加工程序。

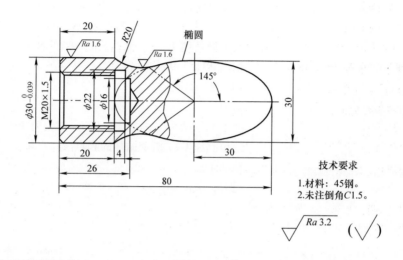

图1-31 带有角度的椭圆工件

数学分析：

有些人一看到椭圆就直摇头，另有一些人一看到椭圆上有角度，马上就想到椭圆以角度为参数的方程 $\begin{cases} Z = a \cdot \cos\theta \\ X = b \cdot \sin\theta \end{cases}$，有点思维定式了。殊不知，此角度非彼角度也。其实，椭圆参数方程的代入角度 θ 是椭圆的离心角，而图样所示的角度145°是椭圆的中心角 α。

具体区别如图1-32所示。

图1-32中，经椭圆中心 O 作两个圆，半径分别是椭圆长半轴长度 a 和短半轴长度 b，经椭圆上的任意一点 M 作 Z 轴的垂线交 Z 轴的垂足为 N，反向延长后交半径为椭圆长半轴长度 a 的大圆于 A 点，连接 OA，交半径为椭圆短半轴长度 b 的小圆于 B 点，连接 BM，$\angle AMB = 90°$，则有

$\tan\theta = AN/ON$，

$\tan\alpha = MN/ON$，

$\triangle ABM \backsim \triangle AON$，所以 $MN/AN = BO/AO = b/a$，

所以，推出 $\tan\theta = a \cdot \tan\alpha/b$（离心角 θ 和中心角 α 在同一象限，$\alpha \neq 90°$ 且 $\neq 270°$）。

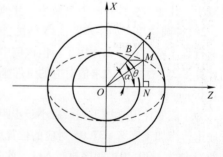

图1-32 椭圆上的离心角 θ 和中心角 α

依此，用科学计算器可以求出中心角145°对应在该椭圆上的离心角为 $\theta = \arctan(a \cdot \tan\alpha/b) = \arctan(30\tan145°/15) = -54.47035513°$，实际角度为用计算器求得的角度 $+180° = 125.52964487°$。

把该角度代入椭圆的参数方程 $\begin{cases} Z = 30\cos\theta - 30 \\ X = 15\sin\theta \end{cases}$，可得坐标值为 $\begin{cases} Z = -47.434 \\ X = 12.2072 \end{cases}$，直径值

取 $\phi24.414$mm。

延伸阅读：已知圆的半径和它经过的两个点，如何计算其圆心坐标？

$R20$mm 圆弧的起点（椭圆中心角 $145°$ 的位置）并非是这段圆弧上直径最小的点，知道了圆心坐标后，才能算出来。根据圆的相关性质，$R20$mm 这段圆弧的圆心就在它经过的两个点 $(12.207,-47.434)$、$(14.99,-60)$ 的中垂线上，其中间点坐标为 $(13.5895,-53.717)$，两点连线的斜率为 $(14.99-12.207)/(47.434-60)=-0.221470635$，则其中垂线的斜率为 $(60-47.434)/(14.99-12.207)=4.51527129$，两者之积为 -1。由两点间中垂线的方程和以两点中的任意一个为圆心、半径为 20mm 的圆的方程的联立，就能求出 $R20$ 的圆心坐标。则有

$$\begin{cases}(X-14.99)^2+(Z+60)^2=20^2\\ X-13.5895=4.51527129(Z+53.717)\end{cases}$$

根据图样中的实际情况，舍去一个根，解得圆心坐标为 $\begin{cases}Z=-49.62060161\\ X=32.08585004\end{cases}$。因此 $R20$ 这段圆弧上的最小半径值为 32.08585mm-20mm$=12.08585$mm，直径取 $\phi24.172$mm。

工艺分析：

夹右端加工左端，平端面，粗精车外圆；程序暂停，钻中心孔，钻 $\phi16$mm 孔；车内孔，内槽，内螺纹；程序暂停，调头装夹，用指示表测量，粗精车右端。

右端走刀轨迹设计：如果把右端的椭圆、圆弧用尖刀，使用 G73、G70 指令粗精加工，效率较低；不如把椭圆轴右边的部分用外圆刀，使用类似 G71 指令走刀路线去加工，预留一定的余量，再把整体用尖刀，使用 G73、G70 指令粗精加工，可以提高加工效率。

第一刀车到 $\phi31$mm，和图样中的椭圆无交点。

第二刀车到 $\phi27$mm，代入椭圆方程 $\dfrac{(Z+30)^2}{30^2}+\dfrac{X^2}{15^2}=1$ 的是 $X=13$，解得 $Z=-15.033$；编程为 X27. Z-14.933，就像用 G71 指令加工时留给精加工的余量"U1. W0.1"一样。

第三刀车到 $\phi23$mm，代入椭圆方程的是 $X=11$，解得 $Z=-9.604$；编程为 X23. Z-9.504。

第四刀车到 $\phi19$mm，代入椭圆方程的是 $X=9$，解得 $Z=-6$；编程为 X19. Z-5.9。

第五刀车到 $\phi15$mm，代入椭圆方程的是 $X=7$，解得 $Z=-3.467$；编程为 X15. Z-3.367。

第六刀车到 $\phi11$mm，代入椭圆方程的是 $X=5$，解得 $Z=-1.716$；编程为 X11. Z-1.616。

第七刀车到 $\phi7$mm，代入椭圆方程的是 $X=3$，解得 $Z=-0.606$；编程为 X7. Z-0.506。

第八刀车到 $\phi3$mm，代入椭圆方程的是 $X=1$，解得 $Z=-0.067<$ 轴向精加工余量 0.1mm，则不加工，不计入程序。

这么加工七刀之后，椭圆轴线的右半边都是台阶，直径的最大余量为 5mm；椭圆轴线左侧的部分椭圆和圆弧，直径的最大余量为 31mm-24.172mm$=6.828$mm。如果给 G70 指令精加工留的直径余量为 1mm，则给 G73 指令粗加工留的直径的最大余量为 5.828mm，半径值为 2.914mm，分割为 2 次加工。

参考程序如下：

```
O1080;
G99 G97 M3 S1000 T101;              换上外圆车刀
G0 X100. Z100. M8;                  定位到中间点，打开切削液
X40. Z3. ;                          接近工件
G1 Z0 F0.5;                         切削到平端面的起点
X-2. F0.2;                          平端面
```

G0 X31. Z1. ;	退刀到车外圆的起点，给精加工留1mm余量
G1 Z - 40. ;	车外圆
G0 U1. Z1. ;	退刀到端面外
X25. ;	定位到倒角的延长线上
G1 X29.98 Z - 1.5 F0.1 ;	倒角1.5mm
Z - 40. F0.16 ;	车外圆
G0 X200. Z5. M9 ;	退刀，关闭切削液；Z轴不要退远
M5 ;	
M0 ;	钻中心孔，φ16mm钻头钻孔至26mm深
G0 Z200. ;	Z轴退远，接着换刀
T202 M3 S600 ;	换上一把小的内孔车刀
G0 X23.5 Z60. M8 ;	定位到中间点，打开切削液
Z1. ;	接近工件
G1 X18.5 Z - 1.5 F0.12 ;	孔口倒角1.5mm
Z - 24. F0.18 ;	车孔
X15. ;	
G0 Z150. ;	退刀
T303 M3 S500 ;	换上内车槽刀，切削刃宽4mm，左刀尖点为刀位点
G0 X17. Z60. ;	定位到中间点
Z2. ;	接近孔口
Z - 23. ;	接近槽
G1 Z - 24. F0.4 ;	切削到槽的上方
X22. F0.1 ;	车槽
G0 X17. ;	先沿X轴退刀
Z150. ;	再沿Z轴退刀
T404 M3 S700 ;	换上内螺纹车刀
G0 X17. Z60. ;	定位到中间点
Z4. ;	定位到螺纹加工起点
G92 X19.3 Z - 21.5 F1.5 ;	车螺纹第一刀，背吃刀量0.4mm
X19.8 ;	车螺纹第二刀，背吃刀量0.25mm
X20. ;	车螺纹第三刀，背吃刀量0.1mm
G0 Z20. M9 ;	刀具刚脱离工件，就关闭切削液
M5 ;	
X150. Z200. ;	退刀
T101 ;	换上加工右端的第一把刀
M0 ;	调头装夹
T121 M3 S1000 ;	换上外圆车刀，调用另一个偏置值
G0 X100. Z100. M8 ;	定位到中间点，打开切削液
X40. Z3. ;	接近工件
G1 Z0 F0.5 ;	切削到平端面的起点

X – 2. F0. 2；	平端面
G0 X31. Z1. ；	定位到车外圆的起点
G1 Z – 45. F0. 2；	右端车削第一刀，轴向尺寸重叠了5mm
G0 U1. Z1. ；	退刀到端面外
X27. ；	定位到第二刀的起点
G1 Z – 14. 933；	右端车削第二刀
G0 U1. Z1. ；	退刀到端面外
X23. ；	定位到第三刀的起点
G1 Z – 9. 504；	右端车削第三刀
G0 U1. Z1. ；	退刀到端面外
X19. ；	定位到第四刀的起点
G1 Z – 5. 9；	右端车削第四刀
G0 U1. Z1. ；	退刀到端面外
X15. ；	定位到第五刀的起点
G1 Z – 3. 367；	右端车削第五刀
G0 U1. Z1. ；	退刀到端面外
X11. ；	定位到第六刀的起点
G1 Z – 1. 616；	右端车削第六刀
G0 U1. Z1. ；	退刀到端面外
X7. ；	定位到第七刀的起点
G1 Z – 0. 506；	右端车削第七刀
G0 X100. Z100. ；	退刀到安全位置
T505 M3 S800；	换上35°的尖粗车刀
G0 X36. Z0；	定位到G73指令仿形切削循环的起点
G73 U2. 914 W0 R2；	设定G73指令仿形切削循环两轴的退刀量、加工次数
G73 P1 Q16 U1. W0 F0. 2；	设定G70指令的精加工余量、G73指令的粗加工进给量
N1 G0 G42 X0；	
G1 Z0 F0. 16 S1200；	
N2 #1 = 30. ；	椭圆在Z轴对应的半轴长度
N3 #2 = 15. ；	椭圆在X轴对应的半轴长度
N4 #3 = 0；	椭圆加工起点对应的离心角
N5 #4 = 125. 52964487；	椭圆加工终点对应的离心角
N6 #5 = 0. 3；	角度的步距值（角度每次的变化量）
N7 WHILE［#3 LE #4］DO 1；	在离心角的有效定义域内，执行循环体1
N8 #6 = #2 * SIN［#3］；	以椭圆对称中心为零点，椭圆上的点的半径坐标值
N9 #7 = #1 * COS［#3］；	以椭圆对称中心为零点，椭圆上的点的轴向坐标值
N10 G1 X［2 * #6］Z［#7 – 30. ］；	切削椭圆上的点
N11 IF［ABS［#3 – #4］LT 0. 001］GOTO 15；	如果切削到了终点角度，跳出循环体1
N12 #3 = #3 + #5；	离心角的数据在更新

N13 IF［#3 GT #4］THEN #3 = #4；　　　　限制离心角的定义域，使刀具能准确加工到终点，而不是欠切

N14 END 1；　　　　　　　　　　　　　结束循环体1

N15 G2 X29.98 Z－60. R20.；　　　　　圆弧切削

N16 G1 G40 U2. W－1.；　　　　　　　多切出一点

G0 X100. Z150.；　　　　　　　　　　退刀

T606 M3 S1200；　　　　　　　　　　换上35°的尖精车刀

G0 X36. Z0；　　　　　　　　　　　　定位到G73指令的起点上

G70 P1 Q16；　　　　　　　　　　　　精车循环

G0 Z20. M9；　　　　　　　　　　　　刀具刚脱离工件就关闭切削液

M5；　　　　　　　　　　　　　　　　主轴停止

G0 X150. Z300.；　　　　　　　　　　退刀到安全位置

T101；　　　　　　　　　　　　　　　换上程序中的第一把刀

M30；　　　　　　　　　　　　　　　程序结束，光标返回程序开头

细节提示：

不要一看到椭圆上有角度就冲动地想着去套用椭圆的参数方程，如果不是半个椭圆，图样中所标示的角度多是中心角 α，而非椭圆参数方程使用的离心角 θ，先弄清楚再说。

例1-25　抛物线工件的加工（抛物线线段步距）。

如图1-33所示，有一抛物线类的工件，毛坯为 $\phi48\text{mm} \times 65\text{mm}$，材料为45钢，试编写其加工程序。

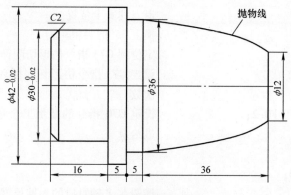

图1-33　抛物线类工件

数学分析：

图样上只是标注了曲线为抛物线，并未给出其方程，需要先求出其方程。根据该抛物线的开口朝向，假设其方程为 $Z = aX^2 + bX + c$，根据它在 $+X$ 轴一侧经过的两个点（6，0）、（18，－36），代入方程，有

$$\begin{cases} 0 = 36a + 6b + c & \text{①} \\ -36 = 324a + 18b + c & \text{②} \end{cases}$$

②－①，化简、移项，得

$$b = -3 - 24a \qquad\qquad\qquad ③$$

由于该抛物线的 X 轴并未偏移，与 Z 轴的交点的 X 轴半径坐标值为6、－6，即方程的根为

$X_1 = 6$，$X_2 = -6$，根据韦达定理，有

$X_1 + X_2 = -b/a = 0$，因为 $a \neq 0$，所以 $b = 0$；把 $b = 0$ 代入③，得 $a = -0.125$。

把 a、b 代入①或②，解得 $c = -4.5$。

即该抛物线方程为 $Z = -0.125X^2 - 4.5$。

工艺分析：

先加工左端，车削外圆，轴向长度 > 22mm。调头装夹，夹紧 $\phi30$mm 外圆，卡爪顶紧台阶处，加工右端。

参考程序为：

O2389；	
G97 G99 M3 S800 T101；	换上外圆粗车刀
G0 X100. Z100. M8；	定位到中间点，打开切削液
X54. Z3.；	定位到接近工件的位置
G1 Z0 F0.5；	切削到平端面的起点
X−2. F0.2；	平端面
G0 X48. Z1.；	定位到 G71 指令粗车循环的起点
G71 U2.5 R0.5；	设定粗车循环的背吃刀量、退刀量
G71 P1 Q2 U1. W0.1 F0.22；	设定精车余量、粗车进给量
N1 G0 X24.；	定位到倒角的延长线上
G1 X29.99 Z−2. S1200 F0.16；	倒角 2mm，设定精车时的进给量、转速
Z−16.；	车外圆
X40.；	准备倒角
X41.99 W−1.；	倒角 1mm
N2 Z−38.；	多切出一段距离
G0 X100. Z100.；	退刀
T202 M3 S1200；	换上外圆精车刀
G0 X48. Z1.；	定位到循环的起点上
G70 P1 Q2；	精车循环
G0 Z20. M9；	刀具刚脱离工件，就关闭切削液
M5；	主轴停止
X150. Z300.；	退刀到安全位置
T101；	换上加工右端的第一把刀
M0；	程序准确停止；调头装夹，用指示表测量跳动，使跳动量在 0.02mm 以内
T121 M3 S800；	调用外圆粗车刀的另一个偏置值
G0 X100. Z100. M8；	
X54. Z3.；	定位到接近工件的位置
G1 Z0 F0.5；	切削到平端面的起点
X−2. F0.2；	平端面
G0 X48. Z1.；	定位到 G71 指令粗车循环的起点
G71 U2.5 R0.5；	设定粗车循环的背吃刀量、退刀量
G71 P3 Q5 U1. W0.1 F0.22；	设定精加工余量、粗加工的进给量

N3 G0 X12.;	定位到抛物线的起点外
G1 Z0 F0.16 S1200;	以切削速度接触工件
#1 = -0.125;	抛物线方程 X^2 的系数 a
#2 = 0;	抛物线方程 X 的系数 b
#3 = -4.5;	抛物线方程的常数 c
#4 = 6.;	抛物线起点 X 轴的半径值
#5 = 18.;	抛物线终点 X 轴的半径值
#6 = 0.25;	X 轴半径值每次的改变量
WHILE［#4 LE #5］DO 1;	在半径值的有效定义域内,执行到 END 1 之间的循环
#7 = #1 * #4 * #4 + #2 * #4 + #3;	表达式 $Z = aX^2 + bX + c$
G1 X［2 * #4］Z#7;	切削到抛物线上的点
IF［ABS［#4 - #5］LT 0.001］GOTO 4;	如果切削到了终点,就跳出这个循环
#4 = #4 + #6;	X 轴半径值的数据在更新
IF［#4 GT #5］THEN #4 = #5;	如果更新后的半径值超出了有效定义域,数据被限制
END 1;	结束循环体 1
N4 G1 Z -41.;	
X40.;	倒角的起点
N5 U4. W -2.;	倒角 1mm,延长了 1mm
G0 X100. Z100.;	退刀
T222 M3 S1200;	换上精车刀,调用另一个偏置值
G0 X48. Z1.;	定位到 G71 指令粗车循环的起点上
G70 P3 Q5;	精车
G0 Z20. M9;	刀具刚脱离工件,就关闭切削液
M5;	主轴停止
X150. Z300.;	退刀到安全位置
T101;	换上加工左端的第一把刀
M30;	程序结束,光标返回程序开头,给计数器计数

细节提示:

图样没有标注抛物线方程,要设法通过图样上的相关数据求出来,不然没法编程。

例 1-26 双曲线工件的加工(双曲线线段步距)。

如图 1-34 所示,该工件的毛坯为 ϕ70mm×93mm,试编写其加工程序。

数学分析:

如图样所示,双曲线 $\dfrac{Z^2}{30^2} - \dfrac{X^2}{40^2} = 1$ 的顶点到工件右端的距离是 30mm,正好是双曲线实半轴的长度,所以该双曲线在 X 轴、Z 轴上均没有偏移,其零点和工件坐标系零点重合。

该双曲线起点对应的 Z 轴坐标值,根据双曲线和直线的联立方程,有

$$\begin{cases} \dfrac{Z^2}{30^2} - \dfrac{X^2}{40^2} = 1 \\ X = 15 \end{cases}, \text{解得 } Z = -32.040 。$$

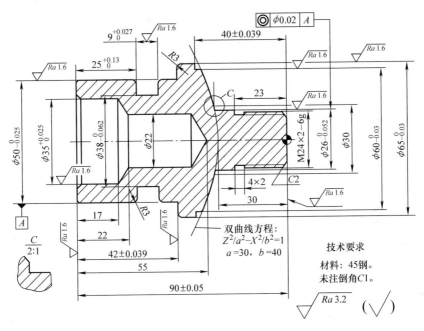

图 1-34　双曲线类复杂件

该双曲线终点对应的 Z 轴坐标值，根据双曲线和直线的联立方程，有

$$\begin{cases} \dfrac{Z^2}{30^2} - \dfrac{X^2}{40^2} = 1 \\ X = 29.99 \end{cases}，\text{解得 } Z = -37.496。$$

工艺分析：

先加工左端：夹持右端 20mm，平端面，钻中心孔，钻 $\phi22$mm 孔，从钻尖计算钻 55mm 深，粗精加工 $\phi35^{+0.025}_{0}$mm 孔，粗精加工 $\phi50^{0}_{-0.025}$mm、$\phi65^{0}_{-0.03}$mm 外尺寸和 $9^{+0.027}_{0}$mm 槽。调头装夹，垫铜皮夹持 $\phi50^{0}_{-0.025}$mm 处，加工螺纹大径、双曲线，然后车槽，车螺纹。

参考程序如下：

O1120；

T101 M3 S600 G99 G97；　　　　　换上内孔粗车刀

G0 X21. Z100. M8；　　　　　　　定位到中间点，打开切削液

Z1.；　　　　　　　　　　　　　　定位到孔口，G71 指令粗车循环的起点

G71 U2.5 R0.5；　　　　　　　　　设定粗车循环的背吃刀量、退刀量

G71 P1 Q2 U−1. W0.1 F0.2；　　　设定精车循环的余量，粗车循环的进给量

N1 G0 X39.；　　　　　　　　　　定位到倒角的起点

G1 X35.01 Z−1. F0.16 S800；　　倒角 1mm，设定精车循环的进给量、转速

Z−17.；　　　　　　　　　　　　　车削内孔

N2 X21.36 Z−22.25；　　　　　　X 向延长了 0.65mm，按照斜率计算 Z 轴坐标值

G0 X100. Z150.；　　　　　　　　退刀

T202 M3 S800；　　　　　　　　　换上内孔精车刀

G0 X21. Z60.；　　　　　　　　　定位到中间点

Z1.；　　　　　　　　　　　　　　定位到循环的起点

G70 P1 Q2;	精车循环
G0 X100. Z150.;	退刀
T303 M3 S800;	换上外圆粗车刀
G0 X100. Z100.;	定位到中间点
X70. Z1.;	定位到外圆粗车循环的起点
G71 U2.5 R0.5;	设定粗车循环的背吃刀量、退刀量
G71 P3 Q4 U1. W0.1 F0.22;	设定精车余量、粗车进给量
N3 G0 X46.;	定位到倒角的起点
G1 X49.99 Z－1. S1100 F0.16;	倒角1mm，设定精车循环的进给量、转速
Z－42.;	车削左端有公差的外圆
X59.;	
G3 X64.99 W－3. R3.;	圆弧车削
N4 G1 Z－65.;	多车削一段距离
G0 X100. Z100.;	退刀
T404 M3 S1100;	换上外圆精车刀
G0 X70. Z1.;	定位到循环的起点
G70 P3 Q4;	精车循环
G0 X100. Z150.;	退刀
T505 M3 S600;	换上车槽刀，切削刃宽4mm，左刀尖为刀位点
G0 X52. Z60.;	定位到中间点
Z1.;	定位到接近工件的位置
Z－29.16;	定位到车槽循环的起点，槽右壁留了0.1mm余量
G75 R0.3 F0.12;	设定径向车槽循环的退刀量、进给量
G75 X38.1 Z－33.98 P600 Q2500;	设定车槽循环每次的径向进刀量、轴向进刀量；槽左壁留了0.1mm余量，槽底留了0.13mm余量
G0 Z－26.06;	定位到槽右侧圆弧起点的上方
G1 X49.99 F0.1;	切削到圆弧的起点
G3 U－6. W－3. R3. F0.12;	切削圆弧
G1 X37.97;	沿槽的右壁公差带的中间值，切削到槽底公差带的中间值
Z－33.9;	刀具沿槽底走一刀，和车槽循环的轴向位置相差0.08mm
G0 X52. W1.;	退刀
Z－36.08;	定位到槽左侧倒角的延长线上
G1 U－4. W2.;	倒角1mm
X37.97;	沿槽的左壁公差带的中间值，切削到槽底
G4 P120;	暂停0.12s，主轴转了1.2圈
G0 X60. W2. M9;	退刀到工件外，不刮伤内壁，关闭切削液
M5;	主轴停止
X100. Z200.;	退刀到安全位置
T303;	换上调头装夹后的第一把刀
M0;	程序准确停止

M3 S800 T323;	换上外圆粗车刀，调用另一个偏置值
G0 X76. Z100. M8;	定位到中间点，打开切削液
Z3.;	接近工件
G1 Z0 F0.5;	切削到平端面的起点
X－2. F0.2;	平端面
G0 X70. Z1.;	定位到 G71 指令粗车循环的起点
G71 U2.5 R0.5;	设定粗车循环的背吃刀量、退刀量
G71 P5 Q18 U1. W0.1 F0.22;	设定精车时的余量、粗车时的进给量
N5 G0 X17.75;	定位到倒角的起点
G1 X23.75 Z－2. F0.16 S1000;	倒角 2mm，设定精车时的进给量、转速
Z－23.;	车螺纹大径
X25.974;	车到 $\phi26^{~0}_{-0.052}$ mm 尺寸公差带的中间值
Z－32.04;	车到双曲线起点对应的轴向位置
X30.;	车到双曲线起点对应的径向位置
N6 #1＝30.;	双曲线在 Z 轴上的实（虚）半轴长度
N7 #2＝40.;	双曲线在 X 轴上的虚（实）半轴长度
N8 #3＝15.;	双曲线加工起点的半径坐标值
N9 #4＝29.99;	双曲线加工终点的半径坐标值
N10 WHILE［#3 LE #4］DO 1;	在有效半径定义域内，车削该双曲线的左支
N11 #5＝－#1＊SQRT［#3＊#3＋#2＊#2］/#2;	
	数学表达式 $Z=-a\sqrt{X^2+b^2}/b$ 的机床表达语言
N12 G1 X［2＊#3］Z#5;	车削到双曲线上的点
N13 IF［ABS［#3－#4］LT 0.001］GOTO 17;	
	车到终点，就跳出该循环体 1
N14 #3＝#3＋0.2;	半径每次改变 0.2mm
N15 IF［#3 GT #4］THEN #3＝#4;	限制有效半径的定义域，使刀具能准确加工到终点，而不是欠切
N16 END 1;	结束循环体 1
N17 G1 Z－40.;	
X63.;	
N18 U4. W－2.;	倒角 1mm，延长了 1mm
G0 X100. Z150.;	退刀
T424 M3 S1000;	换上外圆精车刀，调用另一个偏置值
G0 X70. Z60.;	定位到中间点
Z1.;	定位到循环的起点上
G70 P3 Q18;	精车循环
G0 X100. Z150.;	退刀
T525 M3 S600;	换上车槽刀，调用另一个偏置值
G0 X32. Z60.;	定位到中间点
Z2.;	接近工件
Z－23.;	定位到槽的上方

G1 X19.75 F0.1；   车槽
G4 P120；   主轴暂停0.12s
G0 X32.；   刀具脱离工件
X60. Z150.；   随后两轴联动
T606 M3 S900；   换上外螺纹车刀
G0 X28. Z60.；   定位到中间点
Z6.；   定位到螺纹切削起点
G92 X22.7 Z-20.5 F2.；   螺纹切削第一刀，背吃刀量0.525mm
X22.；   螺纹切削第二刀，背吃刀量0.35mm
X21.5；   螺纹切削第三刀，背吃刀量0.25mm
X21.4；   螺纹切削第四刀，背吃刀量0.05mm
G0 Z20. M9；
M5；
X100. Z200.；   退刀
T303；   换上程序中的第一把刀
M30；

梯形螺纹的加工

梯形螺纹分米制和寸制两种，我国常采用米制梯形螺纹，其牙型角为30°。梯形螺纹主要用于传动（进给和升降）和位置调整装置中，在机械行业应用广泛。

梯形螺纹的设计牙型如图1-35所示，梯形螺纹基本要素的名称、代号及计算公式见表1-1。

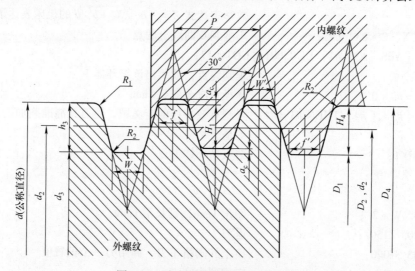

图1-35 米制梯形螺纹的设计牙型

表1-1 梯形螺纹基本要素的名称、代号及计算公式

名称	代号	计算公式		
牙型角	α	$\alpha = 30°$		
螺距	P	由螺纹标准确定		
牙顶间隙	a_c	P/mm	1.5~5	6~12	14~44
		a_c/mm	0.25	0.5	1

名称		代号	计算公式
外螺纹	大径	d	公称直径
	中径	d_2	$d_2 = d - 0.5P$
	小径	d_3	$d_3 = d - 2h_3$
	牙高	h_3	$h_3 = 0.5P + a_c$
内螺纹	大径	D_4	$D_4 = d + 2a_c$
	中径	D_2	$D_2 = d_2 = d - 0.5P$
	小径	D_1	$D_1 = d - P$
	牙高	H_4	$H_4 = h_3 = 0.5P + a_c$
牙顶宽		f, f'	$f = f' = 0.3660P$
牙槽底宽		W, W'	$W = W' = 0.3660P - 0.5359a_c$

加工梯形螺纹有低速车削法和高速车削法。低速车削法用手工刃磨的高速钢车刀，分层以左右进刀车削方式，常用来加工 $P \leqslant 8\text{mm}$ 的梯形螺纹。在每次沿径向进刀后，把刀具向左右做微量移动，可以防止因三个切削刃同时参加切削而产生振动和扎刀现象。

例 1-27 梯形内螺纹的加工（普通程序分层借刀法）。

车削 $\text{Tr}36 \times 6$ 的内螺纹，计算其基本要素的尺寸，并编写其程序。

数学分析：

已知公称直径 $d = 36\text{mm}$，螺距 $P = 6\text{mm}$，查表得 $a_c = 0.5\text{mm}$，根据公式计算如下：

牙高 $H_4 = 0.5P + a_c = 0.5 \times 6\text{mm} + 0.5\text{mm} = 3.5\text{mm}$

中径 $D_2 = d - 0.5P = 36\text{mm} - 0.5 \times 6\text{mm} = 33\text{mm}$

小径 $D_1 = d - P = 36\text{mm} - 6\text{mm} = 30\text{mm}$

大径 $D_4 = d + 2a_c = 36\text{mm} + 2 \times 0.5\text{mm} = 37\text{mm}$

牙顶宽 $f = f' = 0.3660P = 0.3660 \times 6\text{mm} = 2.196\text{mm}$

牙槽底宽 $W = W' = 0.3660P - 0.5359a_c = 0.3660 \times 6\text{mm} - 0.5359 \times 0.5\text{mm} = 1.928\text{mm}$

$\tan \varphi = P_h/(\pi d_2) = 6\text{mm}/(\pi \times 33\text{mm}) = 0.05787452476$

螺纹升角 $\varphi = \arctan 0.05787452476 = 3°18'44''$

工艺分析：

经过测量，刀头实际宽度为 1.50mm，采用分层借刀车削法，参考程序如下：

O2046；

……

G0 X27. Z12. ;	定位到螺纹切削起点上，即牙型中间
G92 **X** ① Z __ F6.0；	车削第 **n** 层，从螺纹牙型中间进刀车削
G0 Z ②；	定位到第 **n** 层螺纹牙型左侧壁，即向左借刀
G92 **X** ① Z __ F6.0；	车削第 **n** 层，从螺纹牙型向左借刀车削
G0 Z ③；	定位到第 **n** 层螺纹牙型右侧壁，即向右借刀
G92 **X** ① Z __ F6.0；	车削第 **n** 层，从螺纹牙型向右借刀车削

……

这里的 6 段程序是车削梯形螺纹时的一个循环，每一层都重复同样的动作，我们把它提取出来，每一层车削时往里填写不同的数值就行了。填写的数值见表 1-2。

表 1-2　车削梯形螺纹时所用数据

层数 n	剩余背吃刀量/mm	①/mm	②/mm	③/mm
1	3.2	30.6	11.029	12.971
2	2.9	31.2	11.109	12.891
3	2.6	31.8	11.189	12.811
4	2.3	32.4	11.270	12.730
5	2.0	33.0	11.350	12.650
6	1.7	33.6	11.430	12.570
7	1.4	34.2	11.511	12.489
8	1.1	34.8	11.591	12.409
9	0.8	35.4	11.672	12.328
10	0.5	36.0	11.752	12.248
11	0.2	36.6	11.832	12.168
12	0.1	36.8	11.859	12.141
13	0	37.0	11.886	12.114

注：1. 表格里的剩余背吃刀量 = （大径 – 当前层数的直径坐标值）/2 = （37 – ①）/2。

　　2. 每一层上对应的左/右侧的借刀量 = 剩余背吃刀量 × tan15° + （牙槽底宽 – 刀头实际宽度）/2 – 左/右单侧壁精加工余量（本例设为 0.1mm） = 剩余背吃刀量 × tan15° + 0.114mm。

　　3. ② = Z 向定位点（本例为 12mm） – 单侧借刀量；③ = Z 向定位点（本例为 12mm） + 单侧借刀量。

第 13 层，可以不切牙型中间，只切牙型两侧。这个例子要和下面的例 1-28 对比着一起来理解。

例 1-28　梯形外螺纹的加工（普通程序分层借刀法）。

车削 Tr36 × 6 的外螺纹，计算其基本要素的尺寸，并编写其程序。

数学分析：

已知公称直径 $d = 36$mm，螺距 $P = 6$mm，查表得 $a_c = 0.5$mm，根据公式计算如下：

牙高 $h_3 = 0.5P + a_c = 0.5 × 6$mm $+ 0.5$mm $= 3.5$mm

中径 $d_2 = d - 0.5P = 36$mm $- 0.5 × 6$mm $= 33$mm

小径 $d_3 = d - 2h_3 = 36$mm $- 2 × 3.5$mm $= 29$mm

牙顶宽 $f = f' = 0.3660P = 0.3660 × 6$mm $= 2.196$mm

牙槽底宽 $W = W' = 0.3660P - 0.5359 a_c = 0.3660 × 6$mm $- 0.5359 × 0.5$mm $= 1.928$mm

$\tan \varphi = P_h/(\pi d_2) = 6mm/(\pi × 33mm) = 0.05787452476$

螺纹升角 $\varphi = \arctan 0.05787452476 = 3°18'44''$

因为是右旋螺纹，所以：

左侧切削刃刃磨后角 $\alpha_{0L} = (3° \sim 5°) + \varphi = 4° + 3°18'44'' = 7°18'44''$

右侧切削刃刃磨后角 $\alpha_{0R} = (3° \sim 5°) - \varphi = 4° - 3°18'44'' = 0°41'16''$

工艺分析：

当粗加工时，车刀刀尖角 ε_r 应比牙型角 α 小 0.5°，为 29.5° ~ 30°，前角为 10° ~ 15°，后角

为8°左右，为了便于左右切削并留有精车余量，刀头宽度应小于牙槽底宽 W。

精加工时车刀刀尖角 ε_r 应等于牙型角 α，前角为0°，后角为6°~8°，为了保证两侧切削刃切削顺利，应磨成较大前角的卷屑槽。使用时必须注意，车刀前端切削刃不能参加切削，精车刀主要用于精车梯形螺纹牙型的两个侧面。

为此，我们把该梯形螺纹设计为分层进刀方式，如图1-36和表1-3所示。

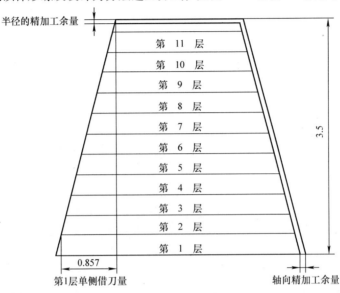

图1-36 梯形螺纹进刀分层图

表1-3 梯形螺纹分层粗车数据表

层数 n	第 n 层的背吃刀量/mm	剩余背吃刀量/mm	左/右侧的借刀量/mm	刀具的位置
第1层	0.3	3.2	0.857	X35.4
第2层	0.6	2.9	0.777	X34.8
第3层	0.9	2.6	0.697	X34.2
第4层	1.2	2.3	0.616	X33.6
第5层	1.5	2.0	0.536	X33.0
第6层	1.8	1.7	0.456	X32.4
第7层	2.1	1.4	0.375	X31.8
第8层	2.4	1.1	0.295	X31.2
第9层	2.7	0.8	0.214	X30.6
第10层	3.0	0.5	0.134	X30.0
第11层	3.3	0.2	0.054 < 0.1，不借刀，只从中间进刀	X29.4
第12层	3.4	0.1	0.027 < 0.1，不借刀，只从中间进刀	X29.2

注：1. 左/右侧的借刀量 =（牙高3.5mm − 第 n 层的背吃刀量）× tan15° +（牙槽底宽 − 刀头实际宽度）/2 − 左/右单侧壁精加工余量（本例设为0.1mm），刀头宽度偏差量依实际值代入计算，此处假设为0.1mm。

2. 剩余背吃刀量 = 牙高 − 第 n 层的背吃刀量。

参考程序如下：

O5236；

......

G0 X40. **Z14.**；	定位到螺纹切削起点上，即牙型中间
G92 **X35.4** Z __ F6.0；	车削第1层，从螺纹牙型中间进刀车削
G0 **Z13.143**；	定位到第1层螺纹牙型左侧壁，即向左借刀
G92 **X35.4** Z __ F6.0；	车削第1层，从螺纹牙型向左借刀车削
G0 **Z14.857**；	定位到第1层螺纹牙型右侧壁，即向右借刀
G92 **X35.4** Z __ F6.0；	车削第1层，从螺纹牙型向右借刀车削
G0 X40. Z14.；	定位到螺纹切削起点上，即牙型中间
G92 X34.8 Z __ F6.0；	车削第2层，从螺纹牙型中间进刀车削
G0 Z13.223；	定位到第2层螺纹牙型左侧壁，即向左借刀
G92 X34.8 Z __ F6.0；	车削第2层，从螺纹牙型向左借刀车削
G0 Z14.777；	定位到第2层螺纹牙型右侧壁，即向右借刀
G92 X34.8 Z __ F6.0；	车削第2层，从螺纹牙型向右借刀车削
G0 X40. Z14.；	定位到螺纹切削起点上，即牙型中间
G92 X34.2 Z __ F6.0；	车削第3层，从螺纹牙型中间进刀车削
G0 Z13.303；	定位到第3层螺纹牙型左侧壁，即向左借刀
G92 X34.2 Z __ F6.0；	车削第3层，从螺纹牙型向左借刀车削
G0 Z14.697；	定位到第3层螺纹牙型右侧壁，即向右借刀
G92 X34.2 Z __ F6.0；	车削第3层，从螺纹牙型向右借刀车削
G0 X40. Z14.；	定位到螺纹切削起点上，即牙型中间
G92 X33.6 Z __ F6.0；	车削第4层，从螺纹牙型中间进刀车削
G0 Z13.384；	定位到第4层螺纹牙型左侧壁，即向左借刀
G92 X33.6 Z __ F6.0；	车削第4层，从螺纹牙型向左借刀车削
G0 Z14.616；	定位到第4层螺纹牙型右侧壁，即向右借刀
G92 X33.6 Z __ F6.0；	车削第4层，从螺纹牙型向右借刀车削
G0 X40. Z14.；	定位到螺纹切削起点上，即牙型中间
G92 X33.0 Z __ F6.0；	车削第5层，从螺纹牙型中间进刀车削
G0 Z13.464；	定位到第5层螺纹牙型左侧壁，即向左借刀
G92 X33.0 Z __ F6.0；	车削第5层，从螺纹牙型向左借刀车削
G0 Z14.536；	定位到第5层螺纹牙型右侧壁，即向右借刀
G92 X33.0 Z __ F6.0；	车削第5层，从螺纹牙型向右借刀车削
G0 X40. Z14.；	定位到螺纹切削起点上，即牙型中间
G92 X32.4 Z __ F6.0；	车削第6层，从螺纹牙型中间进刀车削
G0 Z13.544；	定位到第6层螺纹牙型左侧壁，即向左借刀
G92 X32.4 Z __ F6.0；	车削第6层，从螺纹牙型向左借刀车削
G0 Z14.456；	定位到第6层螺纹牙型右侧壁，即向右借刀
G92 X32.4 Z __ F6.0；	车削第6层，从螺纹牙型向右借刀车削
G0 X40. Z14.；	定位到螺纹切削起点上，即牙型中间
G92 X31.8 Z __ F6.0；	车削第7层，从螺纹牙型中间进刀车削
G0 Z13.625；	定位到第7层螺纹牙型左侧壁，即向左借刀

G92 X31.8 Z __ F6.0;	车削第 7 层，从螺纹牙型向左借刀车削
G0 Z14.375;	定位到第 7 层螺纹牙型右侧壁，即向右借刀
G92 X31.8 Z __ F6.0;	车削第 7 层，从螺纹牙型向右借刀车削
G0 X40. Z14.;	定位到螺纹切削起点上，即牙型中间
G92 X31.2 Z __ F6.0;	车削第 8 层，从螺纹牙型中间进刀车削
G0 Z13.705;	定位到第 8 层螺纹牙型左侧壁，即向左借刀
G92 X31.2 Z __ F6.0;	车削第 8 层，从螺纹牙型向左借刀车削
G0 Z14.295;	定位到第 8 层螺纹牙型右侧壁，即向右借刀
G92 X31.2 Z __ F6.0;	车削第 8 层，从螺纹牙型向右借刀车削
G0 X40. Z14.;	定位到螺纹切削起点上，即牙型中间
G92 X30.6 Z __ F6.0;	车削第 9 层，从螺纹牙型中间进刀车削
G0 Z13.786;	定位到第 9 层螺纹牙型左侧壁，即向左借刀
G92 X30.6 Z __ F6.0;	车削第 9 层，从螺纹牙型向左借刀车削
G0 Z14.214;	定位到第 9 层螺纹牙型右侧壁，即向右借刀
G92 X30.6 Z __ F6.0;	车削第 9 层，从螺纹牙型向右借刀车削
G0 X40. Z14.;	定位到螺纹切削起点上，即牙型中间
G92 X30.0 Z __ F6.0;	车削第 10 层，从螺纹牙型中间进刀车削
G0 Z13.866;	定位到第 10 层螺纹牙型左侧壁，即向左借刀
G92 X30.0 Z __ F6.0;	车削第 10 层，从螺纹牙型向左借刀车削
G0 Z14.134;	定位到第 10 层螺纹牙型右侧壁，即向右借刀
G92 X30.0 Z __ F6.0;	车削第 10 层，从螺纹牙型向右借刀车削
G0 X40. Z14.;	定位到螺纹切削起点上，即牙型中间
G92 X29.4 Z __ F6.0;	车削第 11 层，只从螺纹牙型中间进刀车削
G0 X40. Z14.;	定位到螺纹切削起点上，即牙型中间
G92 X29.2 Z __ F6.0;	车削第 12 层，只从螺纹牙型中间进刀车削
G0 X40. **Z13.9**;	定位到第 **13** 层螺纹牙型左侧壁，即向左借刀，精车
G92 **X29.0** Z __ F6.0;	车削第 **13** 层螺纹牙型左侧壁，即向左借刀
G0 X40. **Z14.1**;	定位到第 **13** 层螺纹牙型右侧壁，即向右借刀，精车
G92 **X29.0** Z __ F6.0;	车削第 **13** 层螺纹牙型右侧壁，即向右借刀

……

细节提示：

注意该程序中第 1 层的加粗字体，以后的每层中没有再加粗提示；注意精车时的刀具轨迹。

但这么编写程序，篇幅很长，不仅耗时，且易出错。如果我们能总结一下每一层进刀轨迹之间的内在关系，用宏程序写出来，程序不仅精炼，而且柔性很强，修改方便，适用性较好。

例 1-29 梯形外螺纹的加工（宏程序分层借刀法）。

上述例 1-28，若用宏程序加工，该宏程序赋值如下：

#1 = A，牙顶间隙 a_c，>0，单位 mm

#2 = B，粗加工前期时每一刀时的背吃刀量，>0，单位 mm，半径值

#3 = C，刀头宽度偏差量，为（牙槽底宽 – 刀头实际宽度）/2，即（$0.3660P - 0.5359a_c -$ 刀头实际宽度）/2，>0，单位 mm

#8 = E，梯形螺纹牙型角，单位（°）

#9 = F，梯形螺纹导程，单位 mm

#11 = H，牙高，单位 mm，>0。这里的牙高是实际的大径与小径的半径差值，而不是理论牙高。数控车床指令 G76 里和这里的牙高做同样理解

#13 = M，X 方向的精加工余量，单位 mm，半径值，>0

#17 = Q，Z 方向左/右单侧壁的精加工余量，单位 mm，>0

#21 = U，梯形外螺纹小径相对于定位点的增量坐标，单位 mm

#23 = W，梯形外螺纹轴向加工终点相对于定位点的增量坐标，单位 mm

#24 = X，梯形外螺纹小径的绝对坐标值，即 $d_3 = d - 2h_3 = d - P - 2a_c$，单位 mm

#26 = Z，梯形外螺纹轴向加工终点的绝对坐标值，单位 mm

调用格式为：

G00 X（U）__ Z（W）__；

G65 P1076 A 0.5 B 0.3 C 0.1 E 30. F 6.0 H 3.5 M 0.1 Q 0.1 X 29.（或U）__ Z（或W）__；

参考程序如下：

O1076；

N10 #31 = #5001；	存储定位点的 X 轴绝对坐标值
N20 #33 = #5003；	存储定位点的 Z 轴绝对坐标值
N30 IF［#1 EQ #0］GOTO 360；	如果牙顶间隙未赋值，报警
N40 IF［#2 EQ #0］GOTO 370；	如果背吃刀量未赋值，报警
N50 IF［#3 EQ #0］THEN #3 = 0；	如果刀头宽度偏差未赋值，默认为 0
N60 IF［#8 EQ #0］THEN #8 = 30.；	如果牙型角未赋值，默认为 30°
N70 IF［#9 EQ #0］GOTO 380；	如果导程未赋值，报警
N80 IF［#11 EQ #0］GOTO 390；	如果牙高未赋值，报警
N90 IF［#13 EQ #0］THEN #13 = 0；	如果 X 方向的精加工余量未赋值，默认为 0
N100 IF［#17 EQ #0］THEN #17 = 0；	如果 Z 方向单侧的精加工余量未赋值，默认为 0
N110 IF［［#24 EQ #0］AND［#21 EQ #0］］GOTO 400；	如果 X、U 均未赋值，报警
N120 IF［［#26 EQ #0］AND［#23 EQ #0］］GOTO 410；	如果 Z、W 均未赋值，报警
N130 IF［#21 EQ #0］GOTO 150；	如果 U 未赋值，跳转到 N150
N140 #24 = #31 + #21；	计算切削终点 X 轴的绝对坐标值
N150 IF［#23 EQ #0］GOTO 170；	如果 W 未赋值，跳转到 N170
N160 #26 = #33 + #23；	计算切削终点 Z 轴的绝对坐标值
N170 WHILE［#11 GT 0］DO 1；	未切削到梯形外螺纹小径时，执行循环体 1
N180 #11 = #11 - #2；	计算将要切削的这一层的剩余背吃刀量
N190 IF［#11 LT［#13 + #2］］THEN #11 = #11 - #13；	粗车的最后一刀，为防止 X 轴过切至精加工余量，强制赋值
N200 G00 Z#32；	移动到牙型中间的循环起点
N210 G92 X［#24 + 2 * #11］Z#26 F#9；	从牙型中间直进刀切削

N220 IF［#3 LT #17］THEN #17 = #3；　　如果刀头宽度偏差 < Z 方向左/右单侧的精加工余量，就把刀头宽度偏差量赋值给 Z 方向左/右单侧的精加工余量，以免过切至左/右侧壁

N230 #12 = TAN［#8/2.］* #11 + #3 - #17；　　计算正在切削的这一层 Z 向单侧的借刀量

N240 IF［［#11 - #13］LT 0.001］GOTO 270；　　精加工时，X 向先从牙型中间直进刀切削，然后再精加工左右两侧壁

N250 IF［#12 LE #17］GOTO 180；　　如果计算出来 Z 向单侧的借刀量过小，则粗加工时只切削牙型中间，而不需要左右借刀加工

N260 GOTO 300；　　粗加工前期，执行左右借刀加工

N270 G00 Z#32；　　移动到牙型中间的循环起点

N280 G92 X#24 Z#26 F#9；　　从牙型中间直进刀切削

N290 #12 = #12 + 0.05；　　精加工时，牙型左右两侧共扩出 0.1mm

N300 G00 Z［#32 + #12］；　　移动到牙型 + Z 一侧的循环起点

N310 G92 X［#24 + 2 * #11］Z#26 F#9；　　从牙型 + Z 一侧借刀切削

N320 G00 Z［#32 - #12］；　　移动到牙型 - Z 一侧的循环起点

N330 G92 X［#24 + 2 * #11］Z#26 F#9；　　从牙型 - Z 一侧借刀切削

N340 END 1；

N350 M99；

N360 #3000 = 5（JIAN CHA YA DING JIAN XI）；"检查牙顶间隙"报警

N370 #3000 = 6（JIAN CHA QIE SHEN）；　　"检查切深"报警

N380 #3000 = 7（JIAN CHA DAO CHENG）；　　"检查导程"报警

N390 #3000 = 8（JIAN CHA YA GAO）；　　"检查牙高"报警

N400 #3000 = 9（JIAN CHA X U FU ZHI）；　　"检查 X U 赋值"报警

N410 #3000 = 10（JIAN CHA Z W FU ZHI）；　　"检查 Z W 赋值"报警

细节提示：

1）主轴转速一般为 150 ~ 200r/min，加充足的切削液。

2）如果梯形螺纹牙侧面的表面粗糙度要求不高，可以只用粗车刀加工，加工完之后测量工件，若梯形螺纹中径尺寸值未到或牙槽底宽不足，可以适当调整 #3 和 X（或 U）的数值。每一次的背吃刀量可以根据工件材料等因素，调整 #2 的赋值。

3）如果梯形螺纹牙侧面的表面粗糙度要求较高，粗车刀加工时，底部可以不留余量或留有很小的余量，左右侧面的余量可以调整 #3 的数值，例如左右侧面需要各留有 0.1 的余量，则 #3 =（牙槽底宽 - 刀头实际宽度）/2 - 0.1mm；精加工时对 X（或 U）、#3 重新赋值即可。

4）该例螺距较小，左右两侧借刀量不大，所以一次借到了位置；若螺距较大，左右可多次借刀，直至加工到准确位置。

5）如果在精加工时只切削左右侧壁而不加工中间，可以删除 N270、N280，并把 N240 修改为 IF［［#11 - #13］LT 0.001］GOTO 290。

6）这里的#11，为实际加工的大径和实际加工的小径之间半径的差值，而非公称直径和理论小径之间半径的差值。

7）当刀头宽度等于牙槽底宽时，粗加工时向左或向右的单侧移动量 = tan15° ×（牙高 - 已切

削深度) – 单侧精加工余量; 精加工时向左或向右的单侧移动量 = tan15° ×(牙高 – 已切削深度)。

8) 当刀头宽度小于牙槽底宽时, 粗加工时向左或向右的单侧移动量 = tan15° ×(牙高 – 已切削深度) +(牙槽底宽 – 刀头实际宽度)/2 – 单侧精加工余量; 精加工时向左或向右的单侧移动量 = tan15° ×(牙高 – 已切削深度) +(牙槽底宽 – 刀头实际宽度)/2。

例 1-30 梯形内螺纹的加工(宏程序分层借刀法)。

上述例 1-27, 若用宏程序加工, 该宏程序赋值如下:

$\#1 = A$, 牙顶间隙 a_c, >0, 单位 mm

$\#2 = B$, 粗加工前期时每一刀时的背吃刀量, >0, 单位 mm, 半径值

$\#3 = C$, 刀头宽度偏差量, 为(牙槽底宽 – 刀头实际宽度)/2, 即 $(0.3660P - 0.5359a_c -$ 刀头实际宽度)/2, >0, 单位 mm

$\#8 = E$, 梯形螺纹牙型角, 单位(°)

$\#9 = F$, 梯形螺纹导程, 单位 mm

$\#11 = H$, 牙高, 单位 mm, >0; 这里的牙高是实际的大径与小径的半径差值, 而不是理论牙高。数控车床指令 G76 里和这里的牙高做同样理解

$\#13 = M$, X 方向的精加工余量, 单位 mm, 半径值, >0

$\#17 = Q$, Z 方向左/右单侧壁的精加工余量, 单位 mm, >0

$\#21 = U$, 梯形内螺纹大径相对于定位点的增量坐标, 单位 mm

$\#23 = W$, 梯形内螺纹轴向加工终点相对于定位点的增量坐标, 单位 mm

$\#24 = X$, 梯形内螺纹大径的绝对坐标值, 即 $d_3 = d - 2h_3 = d - P - 2a_c$, 单位 mm

$\#26 = Z$, 梯形内螺纹轴向加工终点的绝对坐标值, 单位 mm

调用格式为:

G00 X (U) __ Z (W) __ ;

G65 P1079 A 0.5 B 0.3 C 0.214 E 30. F 6.0 H 3.5 M 0.1 Q 0.1 X 29.(或 U)__ Z(或 W)__ ;

参考程序如下:

O1079;

N10 #31 = #5001;	存储定位点的 X 轴绝对坐标值
N20 #33 = #5003;	存储定位点的 Z 轴绝对坐标值
N30 IF [#1 EQ #0] GOTO 360;	如果牙间间隙未赋值, 报警
N40 IF [#2 EQ #0] GOTO 370;	如果背吃刀量未赋值, 报警
N50 IF [#3 EQ #0] THEN #3 = 0;	如果刀头宽度偏差未赋值, 默认为 0
N60 IF [#8 EQ #0] THEN #8 = 30.;	如果牙型角未赋值, 默认为 30°
N70 IF [#9 EQ #0] GOTO 380;	如果导程未赋值, 报警
N80 IF [#11 EQ #0] GOTO 390;	如果牙高未赋值, 报警
N90 IF [#13 EQ #0] THEN #13 = 0;	如果 X 方向的精加工余量未赋值, 默认为 0
N100 IF [#17 EQ #0] THEN #17 = 0;	如果 Z 方向单侧的精加工余量未赋值, 默认为 0
N110 IF [[#24 EQ #0] AND [#21 EQ #0]] GOTO 400;	如果 X、U 均未赋值, 报警
N120 IF [[#26 EQ #0] AND [#23 EQ #0]] GOTO 410;	

	如果 Z、W 均未赋值，报警
N130 IF［#21 EQ #0］GOTO 150；	如果 U 未赋值，跳转到 N150
N140 #24 = #31 + #21；	计算切削终点 X 轴的绝对坐标值
N150 IF［#23 EQ #0］GOTO 170；	如果 W 未赋值，跳转到 N170
N160 #26 = #33 + #23；	计算切削终点 Z 轴的绝对坐标值
N170 WHILE［#11 GT 0］DO 1；	未切削到梯形内螺纹大径时，执行循环体 1
N180 #11 = #11 − #2；	计算将要切削的这一层的剩余背吃刀量
N190 IF［#11 LT［#13 + #2］］THEN #11 = #11 − #13；	
	粗车的最后一刀，为防止 X 轴过切至精加工余量，强制赋值
N200 G00 Z#32；	移动到牙型中间的循环起点
N210 G92 X［#24 − 2 * #11］Z#26 F#9；	从牙型中间直进刀切削
N220 IF［#3 LT #17］THEN #17 = #3；	如果刀头宽度偏差 < Z 方向左/右单侧的精加工余量，就把刀头宽度偏差量赋值给 Z 方向左/右单侧的精加工余量，以免过切至左/右侧壁
N230 #12 = TAN［#8/2.］ * #11 + #3 − #17；	计算正在切削的这一层 Z 向单侧的借刀量
N240 IF［［#11 − #13］LT 0.001］GOTO 270；	精加工时，X 向先从牙型中间直进刀切削，然后再精加工左右两侧壁
N250 IF［#12 LE #17］GOTO 180；	如果计算出来 Z 向单侧的借刀量过小，则粗加工时只切削牙型中间，而不需要左右借刀加工
N260 GOTO 300；	粗加工前期，执行左右借刀加工
N270 G00 Z#32；	移动到牙型中间的循环起点
N280 G92 X#24 Z#26 F#9；	从牙型中间直进刀切削
N290 #12 = #12 + 0.05；	精加工时，牙型左右两侧共扩出 0.1mm
N300 G00 Z［#32 + #12］；	移动到牙型 +Z 一侧的循环起点
N310 G92 X［#24 − 2 * #11］Z#26 F#9；	从牙型 +Z 一侧借刀切削
N320 G00 Z［#32 − #12］；	移动到牙型 −Z 一侧的循环起点
N330 G92 X［#24 − 2 * #11］Z#26 F#9；	从牙型 −Z 一侧借刀切削
N340 END 1；	
N350 M99；	
N360 #3000 = 5（JIAN CHA YA DING JIAN XI）；	"检查牙顶间隙"报警
N370 #3000 = 6（JIAN CHA QIE SHEN）；	"检查切深"报警
N380 #3000 = 7（JIAN CHA DAO CHENG）；	"检查导程"报警
N390 #3000 = 8（JIAN CHA YA GAO）；	"检查牙高"报警
N400 #3000 = 9（JIAN CHA X U FU ZHI）；	"检查 X U 赋值"报警
N410 #3000 = 10（JIAN CHA Z W FU ZHI）；	"检查 Z W 赋值"报警

细节提示：

同例 1-30。

数控铣床/加工中心篇

例 2-1 镗孔（直线和圆相交，交点的计算）。

如图 2-1 所示，该工件材料为 45 钢，外轮廓已经加工好，三个孔心处都有预留孔，现在需要精镗孔，试编写其加工程序。

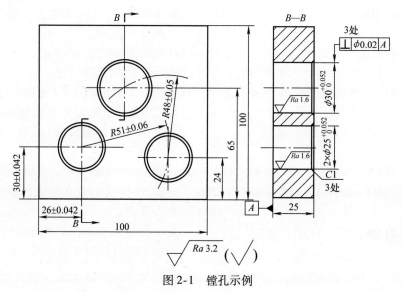

图 2-1 镗孔示例

数学分析：

按照图样的尺寸标注，把左下角设置为工件坐标系零点。左边的孔心坐标为（26，30），求右边和上边的孔心坐标。

1）先求右边的孔心坐标。根据左右两个孔心之间的距离，已知右边孔心的 Y 轴坐标值，就可以求出右边孔心的 X 轴坐标值。根据圆和直线方程的联立，有

$$\begin{cases} (X-26)^2 + (Y-30)^2 = 51^2 \\ Y = 24 \end{cases}$$

把 $Y = 24$ 代入圆的方程，解得 $X = 76.64582905$，取 76.646mm。

2）求出了右边的孔心坐标，再求上边的孔心坐标。根据右边和上边两个孔心之间的距离，已知上边孔心的 Y 轴坐标值，就可以求出上边孔心的 X 轴坐标值。根据圆和直线方程的联立，有

$$\begin{cases} (X-76.646)^2 + (Y-24)^2 = 48^2 \\ Y = 65 \end{cases}$$

把 $Y = 65$ 代入圆的方程，解得 $X = 51.68603205$，取 51.686mm。

工艺分析：

如果是在实心工件上加工高精度孔，一般按照钻孔→粗镗孔→精镗孔→倒角的顺序安排工艺。该例工件有预留孔，则按照粗镗孔→精镗孔→倒角的顺序安排工艺。装夹时用百分表找正，压板压紧之后加工就行了。

参考程序如下：

O0070；

G40 G49 G80 G69 G15 G21 G50 G17；   程序初始化

G91 G30 Z0；   主轴移动到换刀点，Z 轴第二参考点

T1；   T1 为 $\phi24.5$mm 粗镗刀

M6；   换上这把粗镗刀

G0 G90 G54 X26. Y30. T2；   定位到孔心上方，备选 $\phi29.5$mm 粗镗刀

M3 S800；   线速度为 61.6m/min

G43 H1 Z80. M8；   建立刀具长度补偿，定位到高于工件或夹具上最高点的位置

G99 G86 Z−27. R2. F240；   粗镗左边的 $\phi25^{+0.052}_{0}$mm 孔，进给量为 0.3mm/r

X76.646 Y24.；   粗镗右边的 $\phi25^{+0.052}_{0}$mm 孔

G80 M9；   取消孔加工循环

M5；

G91 G30 Z0；

T2；   T2 为 $\phi29.5$mm 粗镗刀

M6；   换上这把粗镗刀

G0 G90 G54 X51.686 Y65. T3；   定位到孔心上方，备选 $\phi25^{+0.052}_{0}$mm 精镗刀

M3 S700；   线速度为 64.9m/min

G43 H2 Z80. M8；   建立刀具长度补偿，定位到高于工件或夹具上最高点的位置

G99 G86 Z−27. R2. F210；   粗镗上边的 $\phi30^{+0.052}_{0}$mm 孔，进给量为 0.3mm/r

G80 M9；   取消孔加工循环

M5；

G91 G30 Z0；

T3；   T3 为 $\phi25^{+0.052}_{0}$mm 精镗刀

M6；   换上这把精镗刀

G0 G90 G54 X26. Y30. T4；   定位到孔心上方，备选 $\phi30^{+0.052}_{0}$mm 精镗刀

M3 S1300；   线速度为 102.1m/min

G43 H3 Z80. M8；   建立刀具长度补偿，定位到高于工件或夹具上最高点的位置

G99 G76 Z−27. R2. Q0.3 P100 F110；   精镗左边的 $\phi25^{+0.052}_{0}$mm 孔，进给量为 0.085mm/r

X76.646 Y24.；   精镗右边的 $\phi25^{+0.052}_{0}$mm 孔

G80 M9；   取消孔加工循环

M5；

G91 G30 Z0；   主轴移动到换刀点，Z 轴第二参考点

T4；   T4 为 $\phi30^{+0.052}_{0}$mm 精镗刀

M6；   换上这把精镗刀

G0 G90 G54 X51.686 Y65. T5；   定位到孔心上方，备选顶角为 90° 的倒角刀

M3 S1100；   线速度为 103.7m/min

G43 H4 Z80. M8；   建立刀具长度补偿，定位到高于工件或夹具上最高

	点的位置
G98 G76 Z－27. R2. Q0.3 P100 F90;	精镗上边的 $\phi30^{+0.052}_{0}$ mm 孔，进给量为 0.082mm/r
G80 M9;	取消孔加工循环
M5;	
G91 G30 Z0;	主轴移动到换刀点，Z 轴第二参考点
T5;	T5 为顶角为 90° 的倒角刀
M6;	换上这把倒角刀
G0 G90 G <u>54</u> X33.5 Y30. T1;	定位到左边的孔上方，＋X 轴方向上刀心距离孔壁 26mm＋25mm/2－33.5mm＝5mm 的位置，备选下一把刀
M3 S1200;	
G43 H5 Z80. M8;	建立刀具长度补偿，定位到高于工件或夹具上最高点的位置
Z2.;	接近工件
G1 Z－3. F800;	移动到所需加工的深度上，比倒角位置低 2mm；此时，在孔口的 Z0 平面上，切削刃边缘和工件的距离为 2mm
G1 X36.5 F100;	切削到倒角的起点
G3 I－10.5 F300;	逆时针圆弧绕行一周，倒角 1mm
G0 X33.;	向孔心方向退刀，不一定是进刀位置
Z2.;	抬刀
X84.146 Y24.;	定位到右边的孔上方，＋X 轴方向上刀心距离孔壁 76.646mm＋25mm/2－84.146mm＝5mm 的位置
G1 Z－3. F800;	移动到所需加工的深度上，比倒角位置低 2mm；此时，在孔口的 Z0 平面上，切削刃边缘和工件的距离为 2mm
G1 X87.146 F100;	切削到倒角的起点
G3 I－10.5 F300;	逆时针圆弧绕行一周，倒角 1mm
G0 X84.;	向孔心方向退刀，不一定是进刀位置
Z2.;	抬刀
X61.686 Y65.;	定位到上边的孔上方，＋X 轴方向上刀心距离孔壁 51.686mm＋30mm/2－61.686mm＝5mm 的位置
G1 Z－3. F800;	移动到所需加工的深度上，比倒角位置低 2mm；此时，在孔口的 Z0 平面上，切削刃边缘和工件的距离为 2mm
G1 X64.686 F100;	切削到倒角的起点
G3 I－13. F300;	逆时针圆弧绕行一周，倒角 1mm
G0 X61. M9;	向孔心方向退刀，不一定是进刀位置
Z2. M5;	抬刀
G91 G30 Z0;	主轴移动到换刀点，Z 轴第二参考点
G90 G0 X __ Y __ ;	移动到便于装卸工件的位置上

M30；

细节提示：

用 90°顶角的倒角刀倒角时要注意，切削刃的最下端（刀位点）要比所需倒角的底部位置低一点。在切削刃的有效加工深度内，刀位点的深度和刀具所绕圆的半径大小对倒角的大小都有影响。

通常，我们把刀具的最低点设为刀位点。内孔倒角时，设所需要加工的倒角值为 a，在倒角加工中，当刀具刀位点比倒角的底部位置低 b 时，即刀具刀位点相对于倒角起始平面的位置为 $Z-a-b$。这时，在孔心的 $+X$ 轴方向上，刀心位于 X 孔心的 X 轴坐标值 $+$ 孔的半径值 $-a-b$ 时，切削刃的边缘刚刚接触工件；当刀心位于 X 孔心的 X 轴坐标值 $+$ 孔的半径值 $-b$ 时，绕圆心一周作半径为孔的半径值 $-b$ 的圆时，倒角值恰好为 a。

倒角时深度 b 的选择：倒角刀切削刃长度要 $>\sqrt{2}\,(a+b)$。

例 2-2 法兰盘上的螺纹孔加工（极坐标系的应用）。

图 2-2 所示为一法兰盘，材料为 45 钢，现在上面有 12 个螺纹孔需要加工，编写其加工程序。

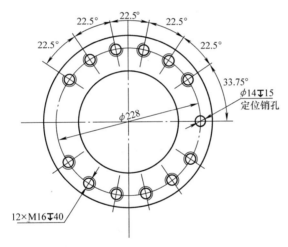

图 2-2 法兰盘上的螺纹孔加工

数学分析：

若用直角坐标系编程，在第一象限的 3 个孔心坐标依次为

$X_1 = r\cos\theta_1 = 114 \times \cos 33.75° = 94.788$

$Y_1 = r\sin\theta_1 = 114 \times \sin 33.75° = 63.335$

$X_2 = r\cos\theta_2 = 114 \times \cos 56.25° = 63.335$

$Y_2 = r\sin\theta_2 = 114 \times \sin 56.25° = 94.788$

$X_3 = r\cos\theta_3 = 114 \times \cos 78.75° = 22.240$

$Y_3 = r\cos\theta_3 = 114 \times \sin 78.75° = 111.810$

第二象限和第一象限的孔心关于 Y 轴对称，第三、第四象限和第一、第二象限的孔心关于 X 轴对称，不必再一一计算。

若用极坐标系编程，从图样上的 12 个螺纹孔之间的角度关系，在极坐标系下直接编写其极角度即可。

工艺分析：

在装夹时把从中间孔心指向定位销孔心的射线设为 +X 轴方向，用较窄的两块压板压在 ±X 轴的方向上。

加工中心攻螺纹底孔直径的计算方法：不同的材料，底孔直径的选择略有不同。铸铁韧性差，多次配合时牙型容易磨损、剥离，所以底孔直径应加工的小一些，使牙高略大一些，以增加牙型强度，延长使用寿命。底孔直径经验计算公式为

$D = M - (1.05 \sim 1.1)P$

钢材等塑性材料，攻螺纹时材料受到挤压会膨胀，底孔直径可以略大一些，底孔直径经验计算公式为

$D = M - P$

若用直角坐标系，参考主程序如下：

O0065；	
G40 G49 G80 G69 G15 G21 G50 G17；	程序初始化
G91 G30 Z0；	主轴移动到换刀点，Z 轴第二参考点
T1；	T1 为中心钻
M6；	换上中心钻
G0 G90 G<u>54</u> X94.788 Y63.335 T2；	定位到第一象限的孔心上方，备选 φ14mm 底孔复合钻头
M3 S1200；	
G43 H1 Z<u>80.</u> M8；	建立刀具长度补偿，定位到高于工件或夹具上最高点的位置
G99 G81 Z-4. R2. F120 K0；	存储加工参数，但未加工
M98 P66；	调用 O0066 子程序，加工这 12 个中心孔
G80 M9；	取消孔加工循环
M5；	
G91 G30 Z0；	主轴移动到换刀点，Z 轴第二参考点
T2；	T2 为 φ14mm 底孔复合钻头，钻孔时一并倒角
M6；	换上 φ14mm 底孔复合钻头
G0 G90 G<u>54</u> X94.788 Y63.335 T3；	定位到第一象限的孔心上方，备选 M16 丝锥
M3 S700；	线速度约为 30.8m/min
G43 H2 Z<u>80.</u> M8；	建立刀具长度补偿，定位到高于工件或夹具上最高点的位置
G99 G81 Z-55. R2. F105 K0；	存储加工参数，但未加工；$h_{钻} = h_{有效} + 0.7M + (0.2 \sim 0.4)D_{孔}$，进给量为 0.15mm/r
M98 P66；	调用 O0066 子程序，加工这 12 个底孔
G80 M9；	取消孔加工循环
M5；	
G91 G30 Z0；	主轴移动到换刀点，Z 轴第二参考点
T3；	T3 为 M16 丝锥
M6；	换上 M16 丝锥
G0 G90 G<u>54</u> X94.788 Y63.335 T1；	定位到第一象限的孔心上方，备选程序中的第一把刀

M29 S240;	刚性攻螺纹；线速度约为 12m/min
G43 H3 Z <u>80.</u> M8;	建立刀具长度补偿，定位到高于工件或夹具上最高点的位置
G99 G84 Z – 51.5 R5. F480 K0;	存储加工参数，但未加工；R 平面设置得比钻孔时略高一些，在 2 倍导程外；$P = F/S = (480/240) \text{mm} = 2\text{mm}$；$h_{丝锥} = h_{有效} + 0.7M$
M98 P66;	调用 O0066 子程序，加工这 12 个螺纹孔
G80 M9;	取消孔加工循环
M5;	
G91 G30 Z0;	主轴移动到换刀点，Z 轴第二参考点
G90 G0 X __ Y __;	移动到便于装卸工件的位置上
M30;	
参考子程序：	
O0066;	
X94.788 Y63.335;	这里的 12 个孔心坐标，依次为第一至第四象限，逆时针方向
X63.335 Y94.788;	
X22.24 Y111.81;	
X – 22.24 Y111.81;	
X – 63.335 Y94.788;	
G98 X – 94.788 Y63.335;	
G99 X – 94.788 Y – 63.335;	
X – 63.335 Y – 94.788;	
X – 22.24 Y – 111.81;	
X22.24 Y – 111.81;	
X63.335 Y – 94.788;	
X94.788 Y – 63.335;	
M99;	
若用极坐标系，参考主程序如下：	
O0067;	
G40 G49 G80 G69 G15 G21 G50 G17;	程序初始化
G91 G30 Z0;	主轴移动到换刀点，Z 轴第二参考点
T1;	T1 为中心钻
M6;	换上中心钻
G0 G90 <u>54</u> X0 Y0 T2;	定位到坐标系零点上方，备选 φ14mm 底孔复合钻头
M3 S1200;	
G43 H1 Z <u>80.</u> M8;	建立刀具长度补偿，定位到高于工件或夹具上最高点的位置
G16;	极坐标系生效
G99 G81 Z – 4. R2. F120 K0;	存储加工参数，但未加工
M98 P68;	调用 O0068 子程序，加工这 12 个中心孔

G80 G15 M9;	取消孔加工循环, 取消极坐标系
M5;	
G91 G30 Z0;	主轴移动到换刀点, Z轴第二参考点
T2;	T2 为 φ14mm 底孔复合钻头, 钻孔时一并倒角
M6;	换上 φ14mm 底孔复合钻头
G0 G90 G 54 X0 Y0 T3;	定位到坐标系零点上方, 备选 M16 丝锥
M3 S700;	线速度约为 30.8m/min
G43 H2 Z 80. M8;	建立刀具长度补偿, 定位到高于工件或夹具上最高点的位置
G16;	极坐标系生效
G99 G81 Z − 55. R2. F105 K0;	存储加工参数, 但未加工; $h_{钻} = h_{有效} + 0.7M + (0.2 \sim 0.4)D_{孔}$, 进给量为 0.15mm/r
M98 P68;	调用 O0068 子程序, 加工这 12 个底孔
G80 G15 M9;	取消孔加工循环, 取消极坐标系
M5;	
G91 G30 Z0;	主轴移动到换刀点, Z轴第二参考点
T3;	T3 为 M16 丝锥
M6;	换上 M16 丝锥
G0 G90 G 54 X0 Y0 T1;	定位到坐标系零点上方, 备选程序中的第一把刀
M29 S240;	刚性攻螺纹; 线速度约为 12m/min
G43 H3 Z 80. M8;	建立刀具长度补偿, 定位到高于工件或夹具上最高点的位置
G16;	极坐标系生效
G99 G84 Z − 51.5 R4. F480 K0;	存储加工参数, 但未加工; R 平面设置得比钻孔时略高一些, 在 2 倍导程处; $P = F/S = (480/240)$ mm = 2mm; $h_{丝锥} = h_{有效} + 0.7M$
M98 P68;	调用 O0068 子程序, 加工这 12 个螺纹孔
G80 G15 M9;	取消孔加工循环, 取消极坐标系
M5;	
G91 G30 Z0;	主轴移动到换刀点, Z轴第二参考点
G90 G0 X __ Y __;	移动到便于装卸工件的位置上
M30;	
参考子程序:	
O0068;	
X114. Y33.75;	这里的 12 个孔心坐标, 依次为第一至第四象限, 逆时针方向
G91 Y22.5 K4;	
G98 Y22.5;	
G99 Y67.5;	
Y22.5 K5;	
M99;	

细节提示：

以上在直角坐标系下和极坐标系下的两种编程方法，在 3 把刀具调用子程序之前的程序段里，均存储了孔加工循环的参数，但未加工；使用的都是 G99 方式返回 R 平面，因此，在进入子程序里的前 5 个孔心坐标，均为 G99 方式；第 6 个为 G98 方式，因为需要跨过压板；后面 6 个，均为 G99 方式。这么编程，安全且效率高。

钻削盲螺纹孔的底孔，$h_{钻} = h_{有效} + 0.7M + (0.2 \sim 0.4) D_{孔}$，这里的 $0.7M$ 是丝锥前端不完全牙型的长度，M 是丝锥的公称直径；$(0.2 \sim 0.4) D_{孔}$ 是钻头顶端到钻头肩部在 Z 轴距离的估计值，由于钻头顶端有横刃，所以该值略小于 $0.5 D_{孔} \times \tan(90° - \varphi)$，$2\varphi$ 是钻头顶角，据实代入。例 2-3 该处同理。

钻削通螺纹孔的底孔，$h_{钻} = h_{有效} + (0.2 \sim 0.4) D_{孔} + 1 \sim 2mm$ 的超越距离。

例 2-3 圆盘上成组的螺纹孔加工（三角函数、极坐标系的应用）。

如图 2-3 所示的一个工件，材料为 45 钢，现在上面有 4 组 8 个 M8、深 16mm 的螺纹孔需要加工，编写其加工程序。

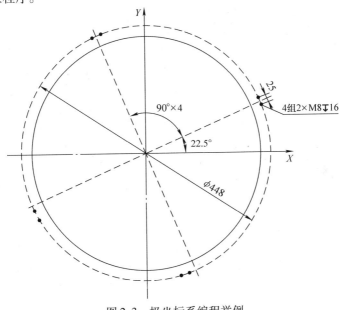

图 2-3　极坐标系编程举例

数学分析：

连接 4 组中任意 1 组的两个 M8 螺纹孔孔心，可以求出孔心连线的中点和任一个螺纹孔心之间所张的半幅圆心角为 arcsin（12.5/244）＝2.936520027°，所以第一象限的两个孔心的坐标是

$$X_1 = 244 \times \cos [22.5° - \arcsin (12.5/244)] = 229.9141427$$

$$Y_1 = 244 \times \sin [22.5° - \arcsin (12.5/244)] = 81.70365357$$

$$X_2 = 244 \times \cos [22.5° + \arcsin (12.5/244)] = 220.3470568$$

$$Y_2 = 244 \times \sin [22.5° + \arcsin (12.5/244)] = 104.8006419$$

与这两个孔心顺时针、逆时针方向各成 90° 圆心角的 4 个孔心，其坐标值和这两个位置的 X、Y 坐标值互换，根据象限选择符号；成 180° 圆心角的 2 个孔心，其坐标值和这两个位置的 X、Y 坐标值互为相反数。所以，另外 6 个孔心的坐标值依次为（ -81.704，229.914）、（ -104.801，220.347）、（ -229.914， -81.704）、（ -220.347， -104.801）、（81.704， -229.914）、（104.801， -220.347）。

如果用 G16 极坐标系来表述这 8 个点的坐标值，极半径 X 值都是 244.0，极角度 Y 值依次为 19.56348、25.43652、109.56348、115.43652、199.56348、205.43652、289.56348、295.43652；或者赋值，令 #1 = ASIN [12.5/244.0]，极角度 Y 值依次为 [22.5 - #1]、[22.5 + #1]、[112.5 - #1]、[112.5 + #1]、[202.5 - #1]、[202.5 + #1]、[292.5 - #1]、[292.5 + #1]。

工艺分析：

压板尽量压在两组螺纹孔的中间角度对应的外圆上，然后夹紧，加工。

参考主程序如下：

O0080；	
G40 G49 G80 G69 G15 G21 G50 G17；	程序初始化
G91 G30 Z0；	主轴移动到换刀点，Z 轴第二参考点
T1；	T1 为中心钻
M6；	换上中心钻
G0 G90 G54 X229.914 Y81.704 T2；	定位到第一象限的孔心上方，备选 φ6.8mm 底孔复合钻头
M3 S1200；	
G43 H1 Z80. M8；	建立刀具长度补偿，定位到高于工件或夹具上最高点的位置
G99 G81 Z - 4. R2. F150 K0；	存储加工参数，但未加工
M98 P81；	调用 O0081 子程序，加工这 8 个中心孔
G80 M9；	取消孔加工循环
M5；	
G91 G30 Z0；	主轴移动到换刀点，Z 轴第二参考点
T2；	T2 为 φ6.8mm 底孔复合钻头，钻孔时一并倒角
M6；	换上 φ6.8mm 底孔复合钻头
G0 G90 G54 X229.914 Y81.704 T3；	定位到第一象限的孔心上方，备选 M8 丝锥
M3 S800；	
G43 H2 Z80. M8；	建立刀具长度补偿，定位到高于工件或夹具上最高点的位置
G99 G81 Z - 24. R2. F100 K0；	存储加工参数，但未加工；$h_{钻} = h_{有效} + 0.7M + (0.2 \sim 0.4)D_{孔}$
M98 P81；	调用 O0081 子程序，加工这 8 个底孔
G80 M9；	取消孔加工循环
M5；	
G91 G30 Z0；	主轴移动到换刀点，Z 轴第二参考点
T3；	T3 为 M8 丝锥
M6；	换上 M8 丝锥
G0 G90 G54 X229.914 Y81.704 T1；	定位到第一象限的孔心上方，备选程序中的第一把刀
M29 S360；	刚性攻螺纹；线速度约为 9m/min
G43 H3 Z80. M8；	建立刀具长度补偿，定位到高于工件或夹具上最高点的位置

G99 G84 Z −21.6 R4. F450 K0；	存储加工参数，但未加工；R 平面设置得比钻孔时略高一些，在 3 倍导程外；$P=F/S=(450/360)\,\mathrm{mm}=1.25\mathrm{mm}$；$h_{丝锥}=h_{有效}+0.7M$
M98 P81；	调用 O0081 子程序，加工这 8 个螺纹孔
G80 M9；	取消孔加工循环
M5；	
G91 G30 Z0；	主轴移动到换刀点，Z 轴第二参考点
G90 G0 X __ Y __；	移动到便于装卸工件的位置上
M30；	
参考子程序：	
O0081；	
X229.914 Y81.704；	这里的 8 个孔心坐标，依次为第一至第四象限，逆时针方向
X220.347 Y104.801；	
X −81.704 Y229.914；	
G98 X −104.801 Y220.347；	
G99 X −229.914 Y −81.704；	
X −220.347 Y −104.801；	
X81.704 Y −229.914；	
X104.801 Y −220.347；	
M99；	
若用极坐标系，参考主程序如下：	
O0090；	
G40 G49 G80 G69 G15 G21 G50 G17；	程序初始化
G91 G30 Z0；	主轴移动到换刀点，Z 轴第二参考点
T1；	T1 为中心钻
M6；	换上中心钻
G0 G90 G54 X0 Y0 T2；	定位到坐标系零点上方，备选 $\phi6.8\mathrm{mm}$ 底孔复合钻头
M3 S1200；	
G43 H1 Z80. M8；	建立刀具长度补偿，定位到高于工件或夹具上最高点的位置
G16；	极坐标系生效
G99 G81 Z −4. R2. F120 K0；	存储加工参数，但未加工
M98 P91；	调用 O0091 子程序，加工这 8 个中心孔
G80 G15 M9；	取消孔加工循环，取消极坐标系
M5；	
G91 G30 Z0；	主轴移动到换刀点，Z 轴第二参考点
T2；	T2 为 $\phi6.8\mathrm{mm}$ 底孔复合钻头，钻孔时一并倒角
M6；	换上 $\phi6.8\mathrm{mm}$ 底孔复合钻头
G0 G90 G54 X0 Y0 T3；	定位到坐标系零点上方，备选 M8 丝锥

M3 S800;

G43 H2 Z <u>80.</u> M8;　　　　　建立刀具长度补偿，定位到高于工件或夹具上最高点的位置

G16;　　　　　　　　　　　极坐标系生效

G99 G81 Z – 24. R2. F100 K0;　存储加工参数，但未加工；$h_{钻} = h_{有效} + 0.7M + (0.2 \sim 0.4)D_{孔}$

M98 P91;　　　　　　　　　调用 O0091 子程序，加工这 8 个底孔

G80 G15 M9;　　　　　　　取消孔加工循环，取消极坐标系

M5;

G91 G30 Z0;　　　　　　　主轴移动到换刀点，Z 轴第二参考点

T3;　　　　　　　　　　　T3 为 M8 丝锥

M6;　　　　　　　　　　　换上 M8 丝锥

G0 G90 G <u>54</u> X0 Y0 T1;　　　定位到坐标系零点上方，备选程序中的第一把刀

M29 S360;　　　　　　　　刚性攻螺纹；线速度约为 9m/min

G43 H3 Z <u>80.</u> M8;　　　　　建立刀具长度补偿，定位到高于工件或夹具上最高点的位置

G16;　　　　　　　　　　　极坐标系生效

G99 G84 Z – 21.6 R4. F450 K0;　存储加工参数，但未加工；R 平面设置得比钻孔时略高一些，在 3 倍导程外；$P = F/S = (450/360)$ mm = 1.25mm；$h_{丝锥} = h_{有效} + 0.7M$

M98 P91;　　　　　　　　　调用 O0091 子程序，加工这 8 个螺纹孔

G80 G15 M9;　　　　　　　取消孔加工循环，取消极坐标系

M5;

G91 G30 Z0;　　　　　　　主轴移动到换刀点，Z 轴第二参考点

G90 G0 X __ Y __;　　　　移动到便于装卸工件的位置上

M30;

参考子程序之一：

O0091;

X244. Y19.56348;　　　　这里的 8 个孔心坐标，依次为第一至第四象限，逆时针方向

Y25.43652;

Y109.56348;

G98 Y115.43652;

G99 Y199.56348;

Y205.43652;

Y289.56348;

Y295.43652;

M99;

参考子程序之二：

```
O0091;
#1 = ASIN [12.5/244.];
X244. Y [22.5 - #1];        这里的8个孔心坐标，依次为第一至第四象限，逆时针方向
Y [22.5 + #1];
Y [112.5 - #1];
G98 Y [112.5 + #1];
G99 Y [202.5 - #1];
Y [202.5 + #1];
Y [292.5 - #1];
Y [292.5 + #1];
M99;
```

细节提示：

内螺纹有效深度可以用这种方法测量，用压缩空气吹净螺纹孔内的切削液和切屑后，找一根比内螺纹深度长的螺栓，测量螺栓的总长，借助内六角扳手旋入内螺纹孔，测量露出来的长度，两者相减就是内螺纹的有效深度。

练习题 1 如图 2-4 所示，试用极坐标系编程来加工这个工件。

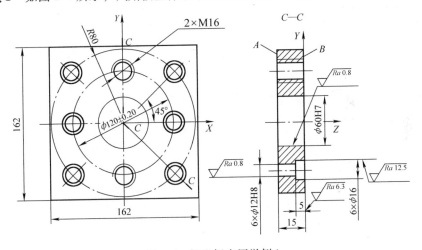

图 2-4 极坐标应用举例 1

练习题 2 如图 2-5 所示，试加工这个工件。

例 2-4 异心圆弧工件的加工（直线和圆相交交点的计算）。

如图 2-6 和图 2-7 所示，需要加工一个类似扇环形的异心圆弧工件，材料为 45 钢，厚度为 60mm，试编写其加工程序。

装夹方法：

在工件下方垫上形状类似、尺寸略小、厚度均一的垫铁，垫铁至少厚 3mm，调整使 R1387.5mm 圆弧的两个端点的连线和 X 轴平行，从 R931mm 圆弧内侧的中间处半压紧压板，在工件左右两端的线段中间位置各固定一个螺栓或其他紧固件靠紧工件，在压板左右两侧的圆弧上各固定两个螺栓或其他紧固件靠紧工件，用指示表测一下工件上表面的平行度，再次紧固压

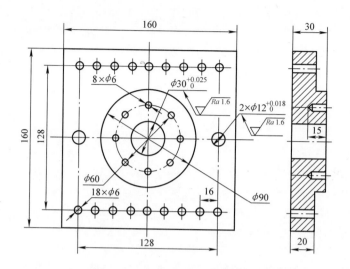

图 2-5　极坐标应用举例 2

图 2-6　异心圆弧工件实物图

板，再次测量，使 $R1387.5$mm 圆弧两个端点的连线和 X 轴平行。

加工完 $R1387.5$mm 圆弧后，松开压板和紧固件。吹净切屑后，把压板和紧固件放在 $R1387.5$mm 圆弧的外侧，依照上述方法紧固工件。

数学分析：

这道题有点难度，很多人看第一眼时就是一头雾水，再看第二眼时还是一头雾水，因为捋不出头绪，找不到突破口。在图 2-7 所示这种坐标系下，怎么计算出 $R1387.5$mm 这段圆弧两端点的距离？有人说这还不简单，从 $R931$mm 的圆心计算，把 120°平分为二，一边是 60°，用三角函数，为 $(1387.5$mm -281.5mm$)\times\sin60°\times2=1915.6482$mm；有的说，这么算肯定不对，连接两个圆心并两端延长，$R1387.5$mm 这段圆弧和 $R931$ 那段 2 倍的偏心距，现在端点和最小处相差 60°，再加上 2 倍的偏心距的 1/3 就行了，所以两端点距离为 $(1387.5$mm -281.5mm $+281.5$mm$\times2/3)\times\sin60°\times2=2240.6964$mm。

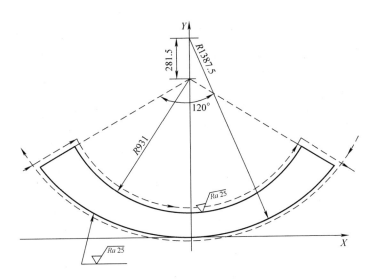

图 2-7　异心圆弧工件

其实，这两种算法都不对。注意看图 2-7，是从 $R931$mm 圆心处那里所张的 $120°$ 圆心角，延长，交 $R1387.5$mm 的圆于两个端点，那么 $R1387.5$mm 圆的两端点所张的圆心角肯定 $<120°$；从 $R931$mm 圆心到 $R1387.5$mm 圆上的距离并非线性变化。

用 $R1387.5$mm 圆的方程和经过 $R931$mm 圆心、已知斜率的直线的点斜式方程的联立，可以很快求出在第一象限的交点的坐标值。

$$\begin{cases} (X-0)^2 + (Y-1387.5)^2 = 1387.5^2 \\ Y - (1387.5 - 281.5) = (X-0)\tan(90° + 120°/2) \end{cases}$$

解得 $\begin{cases} X = 1061.0242596 \\ Y = 493.4173581 \end{cases}$。若求在第二象限的交点，把方程中的 "tan（$90° + 120°/2$）" 改成 "tan（$90° - 120°/2$）"，解得坐标值是（$-1061.0242596$，$493.4173581$）。$R931$mm 圆心（0，1106）到 $R1387.5$mm 的圆两个端点距离是 $\sqrt{(1061.0242596 - 0)^2 + (493.4173581 - 1106)^2}$mm = 1225.165284mm，显然，非线性变化。$R931$mm 圆上两个点的坐标就更容易求了

$$\begin{cases} X = \pm 931 \times \sin60° = \pm 806.2696509 \\ Y = (1387.5 - 281.5) - 931 \times \cos60° = 640.5 \end{cases}$$

即坐标值为（806.2696509，640.5）（-806.2696509，640.5）。那么，由此就能求出同侧的两个端点之间的距离是 $\sqrt{(1061.0242596 - 806.2696509)^2 + (493.4173581 - 640.5)^2}$mm = 294.1653mm；$R1387.5$mm 上两个端点间的距离为 2122.0485mm，$R931$mm 上两个端点间的距离为 1612.5393mm，两段圆弧距离最近处（$X = 0$ 的位置）为 175mm。知道这些距离之后，能帮助检测工件是否合格，也能更好地指引对刀和设定工件坐标系。

对刀及调试须知：紧固工件后，先测量一下毛坯上 $R1387.5$mm 圆弧的两个端点间的距离，已知精加工后该尺寸为 2122.0485mm，用 $\phi20$mm 左右的立铣刀在两端沿与 Y 轴平行的方向轻轻铣一刀，深度为 6~7mm，断面长度为 2~3mm 即可。用寻边器在断面上对刀分中，输入该坐标系的 X 值；如果断面长度不一致，微调一下，记住这个值和方向。抬起寻边器，在 "MDI" 方式下输入 "G0 G54 G90 X0"，按下循环启动，在 "手轮" 方式下只移动 Y 轴、Z 轴，把寻边器移

动到 $R1387.5$mm 圆弧的中间，对刀。如果经过测量，整个工件的各处尺寸都比精加工尺寸大了 4mm，把对刀时所接触的工件的位置设为工件坐标系 Y 轴坐标值的 $Y-1.2 \sim Y-1.8$ 还是可行的，把剩余的量留给另一侧加工。加工时，先试加工，坐标系的 Y 坐标值向负方向偏移 0.5mm，铣削深度在 $0.3 \sim 0.5$mm，观察一下刀具轨迹和工件形状的吻合度，然后记得调整过来。加工另一侧时，也这么操作，但坐标系的 Y 坐标值调试方向相反。

精加工完 $R1387.5$mm 圆弧这一侧之后，观察一下两边 $\phi20$mm 立铣刀加工过的断面是否还有一定的长度且对称，如果痕迹被加工掉，或痕迹不对称，按程序 M0 指令处的解释扫一刀；测量 $R1387.5$mm 圆弧，在保证两端距离 >2122.0485mm 的基础上，两端沿 Y 轴对称再轻轻扫一刀，以作为加工另一侧时 X0 的对刀基准，然后再拆卸工件。

工艺及加工时的数学分析：选用 $\phi63$mm 的方肩铣刀加工，精加工余量为 0.5mm。在分层粗精加工时，为了提高加工效率，采用下刀→顺/逆时针方向加工→下刀→逆/顺时针方向加工的往复走刀方式。如果采用刀具半径补偿，需要延长一段距离来回建立和取消刀具半径补偿并切换左右补偿指令，且较容易产生报警。下面在编程时已经考虑进去了刀具的半径，当然，这需要做较复杂的数学处理。

（1）$R1387.5$mm 圆弧 设计加工路线为刀具中心偏离精加工轨迹一个刀具半径，两端留出一定的安全距离，往复沿圆弧切削。这段圆弧所张的半幅圆心角是 arcsin（1061.0242596/1387.5）=49.8805°，刀具中心在其精加工路线上所张的圆心角是 arctan [31.5/（1387.5 + 31.5）] = 1.2717°，两者之和为 51.1522°，考虑到毛坯及安全距离，选择起点/终点的半幅圆心角为 52°，即在 $R1387.5$mm 圆弧的圆心处对应的角度为 $-38° \sim -142°$。此时，经过计算，刀具边缘距离精加工后的工件端点约为 21mm。在该角度上，粗加工起点/终点的 $X = \pm（1387.5 + 32）\times \sin 52° + 0 = \pm 1118.581$，$Y = 1387.5 - （1387.5 + 32）\times \cos 52° = 513.569$；精加工起点/终点的 $X = \pm（1387.5 + 31.5）\times \sin 52° + 0 = \pm 1118.187$，$Y = 1387.5 - （1387.5 + 31.5）\times \cos 52° = 513.876$。即粗加工时起点/终点坐标为 （$-1118.581$，513.569）、（1118.581，513.569）；精加工时起点/终点坐标为 （-1118.187，513.876）、（1118.187，513.876）。

（2）$R931$mm 圆弧及两端直线 设计加工路线为刀具中心偏离粗精加工轨迹一个刀具半径，两端留出一定的安全距离往复沿直线→圆弧→直线切削。

1）加工圆弧时刀具中心轨迹与两端直线的交点的求法 已知经过工件坐标系第一象限的线段的直线方程为 $Y-（1387.5-281.5）=（X-0）\tan 150°$，化简，得 $X + \sqrt{3}Y - 1106\sqrt{3} = 0$。在粗加工时，刀具中心轨迹和这条直线平行，粗加工时距离是 32mm，设刀具中心的轨迹的直线方程是 $X + \sqrt{3}Y + a = 0$，则有 $32 = \dfrac{|a + 1106\sqrt{3}|}{\sqrt{1 + （\sqrt{3}）^2}}$，根据两条直线与 Y 轴交点的位置关系，解得 $a = -64 - 1106\sqrt{3}$；同理，若是精加工，距离是 31.5mm，则有 $31.5 = \dfrac{|a + 1106\sqrt{3}|}{\sqrt{1 + （\sqrt{3}）^2}}$，解得 $a = -63 - 1106\sqrt{3}$。

粗加工时，刀具中心的轨迹为圆的方程 $（X-0）^2 + [Y - （1387.5 - 281.5）]^2 = （931-32）^2$ 轨迹的一部分；精加工时，刀具中心的轨迹为圆的方程 $（X-0）^2 + [Y - （1387.5 - 281.5）]^2 = （931-31.5）^2$ 的一部分。

粗加工时，根据圆的方程和直线的方程的联立，有

$$\begin{cases} (X-0)^2 + [Y-(1387.5-281.5)]^2 = (931-32)^2 \\ X + \sqrt{3}Y - 1106\sqrt{3} - 64 = 0 \end{cases}$$

解得 $\begin{cases} X = 794.0634614 \\ Y = 684.4976640 \end{cases}$

则在第二象限的交点为 $\begin{cases} X = -794.0634614 \\ Y = 684.4976640 \end{cases}$。

精加工时，根据圆的方程和直线的方程的联立，有

$$\begin{cases} (X-0)^2 + [Y-(1387.5-281.5)]^2 = (931-31.5)^2 \\ X + \sqrt{3}Y - 1106\sqrt{3} - 63 = 0 \end{cases}$$

解得 $\begin{cases} X = 794.2620423 \\ Y = 683.8056630 \end{cases}$

则在第二象限的交点为 $\begin{cases} X = -794.2620423 \\ Y = 683.8056630 \end{cases}$。

2）加工两端时直线起点的求法　在精加工加工第一象限的线段时，当刀具边缘加工到 $R1387.5$mm 的右端点（1061.024，493.417）时，求出此时刀具中心的位置，该位置和右端点的连线垂直于工件右端的线段，由该位置沿与 $+X$ 轴成150°夹角的直线向外移动 >（刀具半径 + 安全距离）的量时，刀具完全脱离工件。该连线的倾斜角为（150° - 90°）= 60°。则有

$$\begin{cases} Y - 493.4173581 = (X - 1061.0242596)\tan60° \\ Y - 683.8056630 = (X - 794.2620423)\tan150° \end{cases}$$

解得刀具中心位置为 $\begin{cases} X = 1076.774260 \\ Y = 520.6971583 \end{cases}$，从该位置沿与 $+X$ 轴成150°夹角的直线向外移动（刀具半径 + 安全距离），刀具半径为 31.5mm，安全距离设为 20mm，两者之和为 51.5mm，这段移动距离对应的 Y 轴的变化量为 51.5mm $\times \sin150° = 25.75$mm，所以起刀点 Y 轴坐标为（520.697 - 25.75）= 494.947。为了便于计算，粗精加工的起刀点的 Y 轴坐标均设为 495.0。

把 $Y = 495.0$ 代入粗加工直线方程 $X + \sqrt{3}Y - 1106\sqrt{3} - 64 = 0$，解得 $X = 1122.283043$。

把 $Y = 495.0$ 代入精加工直线方程 $X + \sqrt{3}Y - 1106\sqrt{3} - 63 = 0$，解得 $X = 1121.283043$。

在第二象限，粗精加工两端直线的起点坐标为（-1122.283，495.0）、（-1121.283，495.0）。

即，在粗加工时起点/终点→终点/起点的轨迹坐标为（1122.283，495.0）→（794.063，684.498）→（-794.063，684.498）→（-1122.283，495.0）；精加工时起点/终点→终点/起点的轨迹坐标为（1121.283，495.0）→（794.262，683.806）→（-794.262，683.806）→（-1121.283，495.0）。

参考加工程序如下：

```
O0068；
G40 G49 G80 G69 G15 G17；          程序初始化
G91 G30 Z0；                        返回换刀点
T1；                                选择粗铣刀
M6；                                换上粗铣刀
G0 G90 G54 X1118.581 Y513.569 M8 T2；   移动到第一象限加工起点上方，备选精铣刀
```

107

G43 H1 Z100. M3 S650；
Z0；
M98 P120069；　　　　　　在 Z0 平面调用子程序 12 次
G0 G90 Z100. M9；　　　　抬刀
M5；
G91 G30 Z0；
T2；
M6；　　　　　　　　　　换上精铣刀
G0 G90 G54 X1118.187 Y513.876 M8 T1；　移动到第一象限加工起点上方，备选粗铣刀
G43 H2 Z100. M3 S800；
Z1.；
Z－61.5；　　　　　　　　定位到工件底部略向下一点
G2 X－1118.187 R1419. F300；　精加工轮廓
G0 G90 Z100. M9；
M5；
G91 G30 Z0；
G90；　　　　　　　　　　让刀具移动到工件左端点的上方
M0；
X －1072.0～－1073.0 Y 475.；　转为"手轮"模式，手动换上 φ20mm 立铣刀，摇动手轮到 Z－6.0～－10.0，在绝对坐标值约 X－1072.0～－1073.0 之间选择一个能切削到工件的合理的位置，沿 Y 轴移动轻轻扫一刀左端，抬刀；在与左端 X 轴绝对坐标值对称的右端，沿 Y 轴移动轻轻扫一刀右端，观察并对比一下痕迹的大小，微调相应坐标系 X 轴的坐标值，抬刀；然后再拆卸工件

T1；
M6；　　　　　　　　　　换上粗铣刀
G0 G90 G54 X1122.283 Y495. M8 T2；　移动到第一象限加工起点上方，备选精铣刀
G43 H1 Z100. M3 S650；
Z0；
M98 P120070；　　　　　　在 Z0 平面调用子程序 12 次
G0 G90 Z100. M9；
M5；
G91 G30 Z0；
T2；
M6；　　　　　　　　　　换上精铣刀

```
O0069；
G0 G91 Z－2.55；
G90 G2 X－1118.581 R1419.5 F400；
G0 G91 Z－2.55；
G90 G3 X1118.581 R1419.5 F400；
M99；
```

```
O0070；
G0 G91 Z－2.55；
G90 G1 X794.063 Y684.498 F400；
G2 X－794.063 R899. F360；
G1 X－1122.283 Y495. F400；
G0 G91 Z－2.55；
G90 G1 X－794.063 Y684.498；
G3 X794.063 R899. F360；
G1 X1122.283 Y495. F400；
M99；
```

```
G0 G90 G54 X－1121.283 Y495. M8 T1；    移动到第二象限加工起点上方，备选粗
                                        铣刀

G43 H2 Z100. M3 S800；
Z1.；
Z－61.5；                               定位到工件底部略向下一点
G1 X－794.262 Y683.806 F300；           精加工轮廓
G3 X794.262 R899.5；                    精加工轮廓
G1 X1121.283 Y495.；                    精加工轮廓
G0 G90 Z100. M9；
M5；
G91 G30 Z0；
G90 X__ Y__；                           让工件靠近操作者
M30；
```

如果在粗精加工 R1387.5mm 圆弧时使用 G16 极坐标系，则参考程序如下：

```
O0071；
G40 G49 G80 G69 G15 G17；

G91 G30 Z0；
T1；
M6；                        换上粗铣刀
G0 G90 G54 X__ Y__ M8 T2；
G52 X0 Y1387.5；            在圆心处建立局部
                           坐标系
G16；                       极坐标系生效

G43 H1 Z100. M3 S650；
X1419.5 Y－38.；            移动到第一象限加工起点的上方
Z0；
M98 P120072；              在 Z0 平面调用子程序 12 次
G0 G90 Z100. M9；
G15 M5；                    取消极坐标系
G52 X0 Y0；                 取消局部坐标系
G91 G30 Z0；
T2；
M6；                        换上精铣刀
G0 G90 G54 X__ Y__ M8 T1；
G52 X0 Y1387.5；            在圆心处建立局部坐标系
G16；                       极坐标系生效
G43 H1 Z100. M3 S800；
X1419. Y－38.；             移动到第一象限加工起点的上方
Z1.；
Z－61.5；                   定位到工件底部略向下一点
```

```
O0072；
G0 G91 Z－2.55；
G90 G2 Y－142. R1419.5 F400；
G0 G91 Z－2.55；
G90 G3 Y－38. R1419.5 F400；
M99；
```

G2 X1419. Y – 142. R1419. F300;　　　　　精铣轮廓

G0 G90 Z100. M9;

G15 M5;　　　　　　　　　　　　　　　取消极坐标系

G52 X0 Y0;　　　　　　　　　　　　　　取消局部坐标系

G91 G30 Z0;

……

细节提示：

解这道数学题需要严谨的思维，不能想当然认为是什么样。因单边的加工余量较小，本例在两次装夹时的加工方式均为往复式；如果单边的加工余量较大，可以采用顺铣，然后抬刀，返回起点后再下刀。

在编写子程序时要注意，下刀时 Z 轴的移动指令必须用相对方式，下刀之后在 XY 平面内的移动（圆弧切削或直线切削）时用相对或绝对方式都可以，用绝对方式是因为已知端点的坐标值，可以减少计算量。

例 2-5　螺纹孔的加工 1（反三角函数的应用）。

如图 2-8 所示，需要加工 $\phi40F5$ 孔和两个 M8 螺纹孔，均为通孔，$\phi40F5$ 孔已加工至 $\phi37mm$ 左右，工件厚度为 15mm，工件材料为 45 钢，试编写其加工程序。

数学分析：

如图 2-9 所示，A 点为孔 $\phi40F5$ 的孔心，B 点、C 点为两个螺纹孔孔心，经过 A 点作平行于 Y 轴的射线，交 BC 于 E 点；从 A 点向右侧引一条射线，平行于 X 轴，该射线上的任意点为 F。

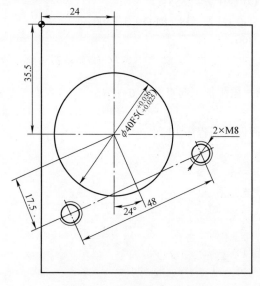

图 2-8　反三角函数的应用

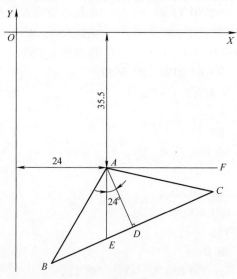

图 2-9　反三角函数的应用

已知 $\angle ADB = \angle ADC = \angle FAE = 90°$，$\angle DAE = 24°$，$AD = 17.5$，$BD = DC = 24$，则

$$\angle FAB = \angle BAD + \angle FAE - \angle DAE$$

在 Rt$\triangle ADB$ 和 Rt$\triangle ADC$ 中，有

$$AB = AC = \sqrt{AD^2 + BD^2} = \sqrt{17.5^2 + 24^2} = 29.70269348$$

$$\angle CAD = \angle BAD = \arctan(BD/AD) = \arctan(24/17.5) = 53.90171603°$$

$\angle FAC = \angle FAE - \angle DAE - \angle CAD = 90° - 24° - 53.90171603° = 12.09828397°$

则在以 A 点为临时坐标系零点的坐标系中，根据 B 点、C 点所在的象限，有

B 点对应的角度 $\angle FAB = -\arctan(24/17.5) - 66° = -119.90171603°$，$C$ 点对应的角度 $\angle FAC = \arctan(24/17.5) - 66° = -12.09828397°$。

则 B 点、C 点的坐标为

$$X_B = \sqrt{17.5^2 + 24^2} \times \cos[-\arctan(24/17.5) - 66°] + 24 = 9.19280027$$

$$Y_B = \sqrt{17.5^2 + 24^2} \times \sin[-\arctan(24/17.5) - 66°] - 35.5 = -61.24872494$$

$$X_C = \sqrt{17.5^2 + 24^2} \times \cos[\arctan(24/17.5) - 66°] + 24 = 53.04298224$$

$$Y_C = \sqrt{17.5^2 + 24^2} \times \sin[\arctan(24/17.5) - 66°] - 35.5 = -41.725336075$$

以上计算过程在卡西欧较新型号的 fx - 991cnx 科学计算器中这么操作更便捷，"Rec $(\sqrt{17.5^2 + 24^2}, (-\tan^{-1}(24/17.5) - 66)) =$" "Rec$(\sqrt{17.5^2 + 24^2}, (\tan^{-1}(24/17.5) - 66)) =$"。注意计算出来的结果 X 坐标值要 $+24$，Y 坐标值要 -35.5。"Rec (r, θ)" 是把极坐标系 (r, θ) 转换成直角坐标系 (x, y)。

工艺分析：

压板压紧工件后，对 $\phi40F5$ 孔，先粗镗，精镗，再倒角；对螺纹孔，先钻中心孔，用复合钻头钻底孔并倒角，再攻螺纹。

参考程序如下：

O0105；	
G40 G49 G80 G69 G15 G21 G50 G17；	程序初始化
G91 G30 Z0；	主轴移动到换刀点，Z 轴第二参考点
T1；	T1 为 $\phi39.5$mm 粗镗刀
M6；	换上粗镗刀
G0 G90 G54 X24. Y－35.5 T2；	定位到 $\phi40F5$ 孔心上方，备选 $\phi40.03$mm 精镗刀
M3 S750；	线速度为 93.1m/min
G43 H1 Z80. M8；	建立刀具长度补偿，定位到高于工件或夹具上最高点的位置
G86 Z－17. R2. F300；	粗镗 $\phi40F5$ 孔，进给量为 0.4mm/r，深度超越了 2mm
G80 M9；	取消孔加工循环
M5；	
G91 G30 Z0；	主轴移动到换刀点，Z 轴第二参考点
T2；	T2 为 $\phi40.03$mm 精镗刀
M6；	换上 $\phi40.03$mm 精镗刀
G0 G90 G54 X24. Y－35.5 T3；	定位到 $\phi40F5$ 孔心上方，备选顶角为 90° 的倒角刀
M3 S1000；	线速度为 125.7m/min
G43 H2 Z80. M8；	建立刀具长度补偿，定位到高于工件或夹具上最高点的位置
G76 Z－16. R2. P80 Q0.3 F100；	精镗 $\phi40F5$ 孔，进给量为 0.1mm/r，深度超越了 1mm

G80 M9;	取消孔加工循环
M5;	
G91 G30 Z0;	主轴移动到换刀点，Z轴第二参考点
T3;	T3 为顶角为 90° 的倒角刀
M6;	换上倒角刀
G0 G90 G<u>54</u> X38. Y−35.5 T4;	定位到孔上方，+X 轴方向上刀具中心距离孔壁 (24+40/2−38)mm=6mm 的位置，备选中心钻
M3 S1200;	
G43 H3 Z<u>80.</u> M8;	建立刀具长度补偿，定位到高于工件或夹具上最高点的位置
Z2.;	接近工件
G1 Z−3. F800;	移动到所需加工的深度上，比倒角位置低 2mm；此时，在孔口的 Z0 平面上，切削刃边缘和工件的距离为 3mm
X42. F60;	切削到倒角的起点
G3 I−18. F300;	沿圆周逆时针倒角 1mm
G0 X37. M9;	向孔心方向退刀，不一定是进刀位置
Z2. M5;	抬刀
G91 G30 Z0;	主轴移动到换刀点，Z轴第二参考点
T4;	T4 为中心钻
M6;	换上中心钻
G0 G90 G<u>54</u> X9.193 Y−61.249 T5;	定位到螺纹孔心上方，备选复合刀具
M3 S1200;	
G43 H4 Z<u>80.</u> M8;	建立刀具长度补偿，定位到高于工件或夹具上最高点的位置
G99 G81 X9.193 Y−61.249 Z−5. R2. F120;	钻中心孔
G98 X53.043 Y−41.725;	
G80 M9;	取消孔加工循环
M5;	
G91 G30 Z0;	主轴移动到换刀点，Z轴第二参考点
T5;	T5 为 φ6.8mm 底孔钻头兼倒角的复合刀具
M6;	换上复合刀具
G0 G90 G<u>54</u> X9.193 Y−61.249 T6;	定位到螺纹孔心上方，备选 M8 丝锥
M3 S700;	
G43 H5 Z<u>80.</u> M8;	建立刀具长度补偿，定位到高于工件或夹具上最高点的位置
G99 G81 X9.193 Y−61.249 Z−20. R2. F140;	复合刀具钻底孔，兼倒角
G98 X53.043 Y−41.725;	
G80 M9;	取消孔加工循环
M5;	
G91 G30 Z0;	主轴移动到换刀点，Z轴第二参考点

T6 ;	T6 为 M8 丝锥
M6 ;	换上 M8 丝锥
G0 G90 G <u>54</u> X9. 193 Y – 61. 249 T1 ;	定位到第一个孔心上方，备选程序中的第一把刀
M29 S360 ;	刚性攻螺纹；线速度约为 9m/min
G43 H6 Z <u>80.</u> M8 ;	建立刀具长度补偿，定位到高于工件或夹具上最高点的位置
G99 G84 X9. 193 Y – 61. 249 Z – 20. R4. F450 ;	攻螺纹循环；R 平面设置得比钻孔时略高一些，在 3 倍导程外；$P = F/S = 450/360 = 1.25$mm
G98 X53. 043 Y – 41. 725 ;	
G80 M9 ;	取消孔加工循环
M5 ;	
G91 G30 Z0 ;	主轴移动到换刀点，Z 轴第二参考点
G90 G0 X __ Y __ ;	移动到便于装卸工件的位置上
M30 ;	

细节提示：

学会反三角函数的应用。要注意倒角时的程序的编写，计算好刀具移动的坐标，避免刀具碰撞或倒角大小不对称。

攻螺纹时应先根据丝锥材料选择合理的线速度，计算出转速，选择相临近的值，乘以导程就是每分钟进给量；要注意，当是寸制螺纹时，计算出来的每分钟进给量需是整数；如不是整数，调整转速，使每分钟进给量是整数。

例 2-6　螺纹孔的加工 2（坐标系旋转及坐标系转换的应用）。

如图 2-10 所示，需要在一块钢板上钻 5 个螺纹通孔，钢板厚度为 20mm，编写其加工程序。

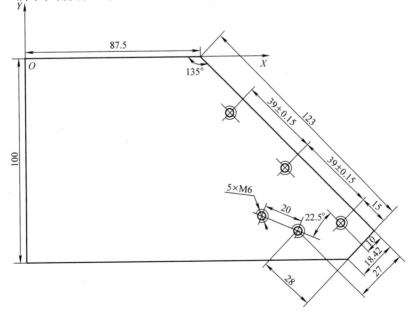

图 2-10　坐标系旋转及转换的应用

113

数学分析:

如图 2-11 所示,连接三个螺纹孔孔心并延长,交 X 轴于 C 点,经 A 点作 CD 的垂线,垂足为 B 点,经第一个孔心 D 点作 X 轴的垂线,垂足为 E 点。

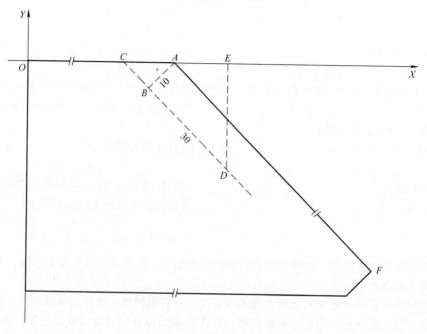

图 2-11 共线的 3 个孔心的求法

根据题意,$\angle OAF = \angle OCD = 135°$,在 $\triangle ABC$ 中,已知 $AB = 10$,$\angle ACB = 180° - 135° = 45°$,则

$$CA = AB/\cos(180° - 135°) = 14.1421$$
$$CB = AB/\tan(180° - 135°) = 10$$

根据图中尺寸,可以算出 $BD = 30$,在 $\triangle CED$ 中,$CD = CB + BD = 40$,$\angle ECD = 180° - 135° = 45°$,则

$$CE = CD \times \cos(180° - 135°) = 28.2843$$
$$ED = CD \times \sin(180° - 135°) = 28.2843$$

已知 A 点坐标为 $(87.5, 0)$,根据题意,有 $OE = OA - CA + CE = 101.6421$,所以得出第一个螺纹孔孔心的坐标是 $(101.6421, -28.2843)$,同理可以得出其余两个螺纹孔孔心的坐标为 $(129.2193, -55.8614)$,$(156.7964, -83.4386)$。

另外两个 M6 螺纹孔孔心的坐标在 XOY 坐标系下不容易直接求得,不妨把 XOY 坐标系绕其零点沿逆时针方向旋转 $45°$,延长 FA 交 X' 轴于 G 点,在 $X'OY'$ 坐标系中求出其坐标值,然后再转换回去,如图 2-12 所示。则在 $X'OY'$ 坐标系中,$\angle X'OA = (180° - 135°) - 90° = 90° - 135°$,所以有

$$X'_{右} = 87.5\cos(90° - 135°) - 27 = 34.87184335$$
$$Y'_{右} = 87.5\sin(90° - 135°) - (123 - 28) = -156.87184335$$
$$X'_{左} = 87.5\cos(90° - 135°) - 27 - 20\sin22.5° = 27.21817471$$
$$Y'_{左} = 87.5\sin(90° - 135°) - (123 - 28) + 20\cos22.5° = -138.3942527$$

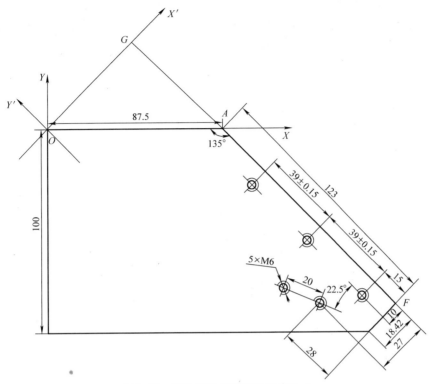

图 2-12 　用坐标系旋转及转换求孔心

把这两个点在 $X'OY'$ 直角坐标系中的坐标值（X'，Y'）转化为在以 O 点为极点、OX' 为极轴的极坐标系中的坐标（r，θ'），为

$$r_{右} = \sqrt{X'^2_{右} + Y'^2_{右}} = \sqrt{34.87184335^2 + (-156.87184335)^2} = 160.7010289$$

$$\theta'_{右} = \arctan(Y'_{右}/X'_{右}) = \arctan((-156.87184335)/34.87184335) = -77.46721283°$$

$$r_{左} = \sqrt{X'^2_{左} + Y'^2_{左}} = \sqrt{27.21817471^2 + (-138.3942527)^2} = 141.0453764$$

$$\theta'_{左} = \arctan(Y'_{左}/X'_{左}) = \arctan((-138.3942527)/27.21817471) = -78.87357057°$$

则在 XOY 坐标系中，根据和 $X'OY'$ 坐标系的关系、旋转的角度，有 $\theta_{右} = (\theta'_{右} + 45°)$，$\theta_{左} = (\theta'_{左} + 45°)$，而极径不变，根据极坐标系和直角坐标系的坐标转换关系，有

$$X_{右} = r_{右}\cos\theta_{右} = r_{右}\cos(\theta'_{右} + 45°) = 135.5832611$$

$$Y_{右} = r_{右}\sin\theta_{右} = r_{右}\sin(\theta'_{右} + 45°) = -86.26702730$$

$$X_{左} = r_{左}\cos\theta_{左} = r_{左}\cos(\theta'_{左} + 45°) = 117.1056704$$

$$Y_{左} = r_{左}\sin\theta_{左} = r_{左}\sin(\theta'_{左} + 45°) = -78.61335863$$

即，另外两个螺纹孔孔心在 XOY 坐标系中的坐标分别为（135.583，－86.267）、（117.106，－78.613）。为了最终计算结果的准确性，对中间计算数值取计算器计算结果的 10 位有效数字。

另：通过计算，可以求出该图样下面这条边长为 161.450mm。

参考程序如下：

O0100；	
G40 G49 G80 G69 G15 G21 G50 G17；	程序初始化
G91 G30 Z0；	主轴移动到换刀点，Z 轴第二参考点
T1；	T1 为中心钻
M6；	换上中心钻
G0 G90 G54 X101.642 Y－28.284 T2；	定位到第一个孔心上方，备选 φ5mm 底孔复合钻头
M3 S1200；	
G43 H1 Z80. M8；	建立刀具长度补偿，定位到高于工件或夹具上最高点的位置
G99 G81 Z－4. R2. F150 K0；	存储加工参数，但未加工
M98 P101；	调用 O0101 子程序，加工这 5 个中心孔
G80 M9；	取消孔加工循环
M5；	
G91 G30 Z0；	主轴移动到换刀点，Z 轴第二参考点
T2；	T2 为 φ5mm 底孔复合钻头，兼倒角
M6；	换上 φ5mm 底孔复合钻头
G0 G90 G54 X101.642 Y－28.284 T3；	定位到第一个孔心上方，备选 M6 丝锥
M3 S800；	
G43 H2 Z80. M8；	建立刀具长度补偿，定位到高于工件或夹具上最高点的位置
G99 G81 Z－24. R2. F100 K0；	存储加工参数，但未加工；
M98 P101；	调用 O0101 子程序，加工这 5 个底孔
G80 M9；	取消孔加工循环
M5；	
G91 G30 Z0；	主轴移动到换刀点，Z 轴第二参考点
T3；	T3 为 M6 丝锥
M6；	换上 M6 丝锥
G0 G90 G54 X101.642 Y－28.284 T1；	定位到第一个孔心上方，备选程序中的第一把刀
M29 S400；	刚性攻螺纹；线速度约为 7.5m/min
G43 H3 Z80. M8；	建立刀具长度补偿，定位到高于工件或夹具上最高点的位置
G99 G84 Z－24. R4. F400 K0；	存储加工参数，但未加工；R 平面设置得比钻孔时略高一些，在 3 倍导程外；$P = F/S =$（400/400）mm＝1mm
M98 P101；	调用 O0101 子程序，加工这 5 个螺纹孔

116

G80 M9；　　　　　　　　　　　　　取消孔加工循环

M5；

G91 G30 Z0；　　　　　　　　　　　主轴移动到换刀点，Z 轴第二参考点

G90 G0 X ___ Y ___；　　　　　　　　移动到便于装卸工件的位置上

M30；

参考子程序：

O0101；

X101.642 Y − 28.284；

X129.219 Y − 55.861；

X117.106 Y − 78.613；

X135.583 Y − 86.267；

X156.796 Y − 83.439；

M99；

细节提示：

这道题，前三个成一条直线的孔心还是容易求得的，难点在最后两个孔心坐标的求法，解法或许还有，但这种用旋转坐标系求坐标值的方法是十分经典的，希望读者能多看几次，透彻理解解题思路。

如果对多个孔进行多工序加工，把孔位坐标编成子程序，可以减少程序量。

例 2-7　四角圆弧过渡矩形内腔（子程序应用）。

图 2-13 所示为一个四角圆弧过渡的矩形内腔，材料为铝合金，试编写其内腔的加工程序。

数学分析：

由图样可以看出，该内腔在长度和宽度上的尺寸相差不大，比例为 4:3，圆角半径为 6mm。因此，我们在单层粗加工该内腔时可以用 ϕ12mm 中心有刃的立铣刀从零点开始，按照"回"字形状向外扩大，第一圈在长度方向上为 60% ~ 70% 的刀具直径，然后每圈单侧扩大 60% ~ 70% 的刀具直径，最后一圈给单侧内壁留 0.2mm 余量，最后精加工时再加工到内腔尺寸。

工艺分析：

用机用虎钳夹紧该腔体的底部，把对称中心设为坐标系零点，先在零点处钻一个略大于 ϕ12mm 工艺孔，从工艺孔处下刀，分层加工。

参考主程序如下：

O0105；

G40 G49 G80 G69 G15 G21 G50 G17；　程序初始化

G91 G30 Z0；　　　　　　　　　　　主轴移动到换刀点，Z 轴第二参考点

T1；　　　　　　　　　　　　　　　T1 为 ϕ12mm 粗加工立铣刀，中心有刃

M6；　　　　　　　　　　　　　　　换上 ϕ12mm 粗铣立铣刀

G0 G90 G54 X0 Y0 T2；　　　　　　定位到零点上方，备选 ϕ12mm 精加工立铣刀

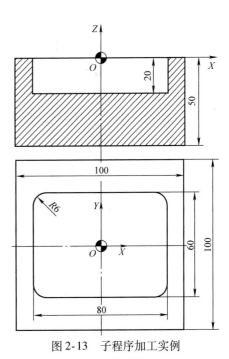

图 2-13　子程序加工实例

M3 S1000;	
G43 H1 Z <u>80.</u> M8;	建立刀具长度补偿，定位到高于工件或夹具上最高点的位置
Z1.;	接近工件
G1 Z0 F80;	以较小的进给量接触工件
M98 P400106;	调用粗加工子程序 40 次
G0 G90 Z20. M9;	抬刀到工件上方
M5;	
G91 G30 Z0;	主轴移动到换刀点，Z 轴第二参考点
T2;	T2 为 ϕ12mm 精加工立铣刀，中心有刃
M6;	换上 ϕ12mm 精铣立铣刀
G0 G90 G <u>54</u> X10. Y44. T1;	定位到圆弧切削的起点上方，备选 ϕ12mm 粗加工立铣刀
M3 S1000;	
G43 H1 Z <u>80.</u> M8;	建立刀具长度补偿，定位到高于工件或夹具上最高点的位置
Z1.;	接近工件
Z – 19.;	接近槽底
G1 Z – 20. F80;	进给切削到槽底
G3 X0 Y54. R10. F300;	在 +Y 轴上，以圆弧切入槽壁
G1 X – 74.;	切削到左上角
Y – 54.;	切削到左下角
X74.;	切削到右下角
Y54.;	切削到右上角
X0;	切削到 +Y 轴上的切点
G3 X – 10. Y44. R10.;	以圆弧方式切出工件
G0 G90 Z20. M9;	抬刀到工件上方
M5;	
G91 G30 Z0;	主轴移动到换刀点，Z 轴第二参考点
G90 G0 X __ Y __;	移动到便于装卸工件的位置上
M30;	
参考子程序如下:	
O0106;	
G91 G1 Z – 0.5 F80;	从零点下刀，用相对坐标编程
G90 X4. Y3. F200;	切削到第 1 圈的起点（内腔中心右前方），用绝对坐标编程
X4. Y3.;	
X – 4.;	
Y – 3.;	
X4.;	
Y3.;	

X12. Y9. ;　　　　　　　　　　　　切削到第 2 圈的起点（内腔中心右前方）

X－12. ;

Y－9. ;

X12. ;

Y9. ;

X20. Y15. ;　　　　　　　　　　　切削到第 3 圈的起点（内腔中心右前方）

X－20. ;

Y－15. ;

X20. ;

Y15. ;

X28. Y21. ;　　　　　　　　　　　切削到第 4 圈的起点（内腔中心右前方）

X－28. ;

Y－21. ;

X28. ;

Y21. ;

X36. Y27. ;　　　　　　　　　　　切削到第 5 圈的起点（内腔中心右前方）

X－36. ;

Y－27. ;

X36. ;

Y27. ;

X44. Y33. ;　　　　　　　　　　　切削到第 6 圈的起点（内腔中心右前方）

X－44. ;

Y－33. ;

X44. ;

Y33. ;

X52. Y39. ;　　　　　　　　　　　切削到第 7 圈的起点（内腔中心右前方）

X－52. ;

Y－39. ;

X52. ;

Y39. ;

X60. Y45. ;　　　　　　　　　　　切削到第 8 圈的起点（内腔中心右前方）

X－60. ;

Y－45. ;

X60. ;

Y45. ;

X68. Y51. ;　　　　　　　　　　　切削到第 9 圈的起点（内腔中心右前方）

X－68. ;

Y－51. ;

X68. ;

Y51. ;

X73. 8 Y53. 8;　　　　　　　　　　切削到第 10 圈的起点（内腔中心右前方），

X - 73. 8;

Y - 53. 8;   长度宽度单侧内壁上都留有 0. 2mm 余量

X73. 8;

Y53. 8;

G91 G0 Z1. ;   每一层铣削完成后，向上抬刀 1mm

G90 X0 Y0;   定位到每一层加工的起始点

G91 G1 Z - 1. F80;   切削到已加工过的这层深度上

M99;

例 2-8　三角形顶端圆弧过渡凸台的加工（平行线方程及垂直直线交点的计算）。

如图 2-14 所示，需要加工一个三角形顶端圆弧过渡的凸台，高为 10mm，已粗加工好外形，试编写其精加工程序。

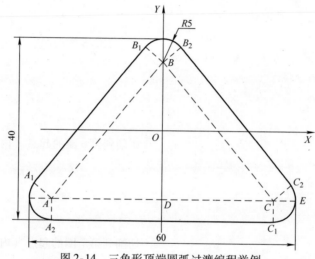

图 2-14　三角形顶端圆弧过渡编程举例

数学分析：

如图 2-14 所示，该三角形顶端处的圆弧半径为 5mm，从三条边向内侧作距离为圆弧半径值 5mm 的偏置线，三条偏置线交于 A、B、C 三点，这三个点就是顶端处的圆心，很容易看出坐标值分别为（-25，-15）、（0，15）、（25，-15）。从 A、B、C 三点分别向相邻的边作垂线，垂足分别为 A_2、A_1、B_1、B_2、C_2、C_1。

A_2、C_1 的坐标值很容易看出来是（-25，-20）、（25，-20）；A_1、B_1 和 C_2、B_2 的坐标值关于 Y 轴对称。

$BD = 30$，$AD = 25$，可知 AB 的斜率为 $\tan\angle BAC = 30/25 = 1.2$，$A$ 点坐标为（-25，-15），由直线的点斜式方程，可得 AB 的方程为

$$Y + 15 = 1. 2(X + 25)$$

化简为

$Y = 1. 2X + 15$

$A_1B_1 /\!/ AB$，且距离为 5，设 A_1B_1 的方程为 $Y = 1. 2X + a$，根据平行线间的距离公式，有

$$5 = \frac{|a-15|}{\sqrt{1+1.2^2}}。$$

从图 2-14 中可以看出，A_1B_1 与 Y 轴的交点的 Y 坐标显然大于 AB 与 Y 轴的交点的 Y 坐标，所以 $a > 15$，解得 $a = 15 + \sqrt{61}$，即 A_1B_1 的方程为 $Y = 1.2X + 15 + \sqrt{61}$。

$AA_1 \parallel BB_1$，且 $\perp AB$；已知相互垂直的直线的斜率之积为 -1，可得 AA_1 和 BB_1 的斜率为 $-5/6$，由经过 A 点的直线的点斜式方程和 A_1B_1 的方程的联立，有

$$\begin{cases} Y + 15 = -5(X+25)/6 \\ Y = 1.2X + 15 + \sqrt{61} \end{cases}$$

解得 A_1 点坐标为 $\begin{cases} X = -28.8411064 \\ Y = -11.799078 \end{cases}$。

由经过 B 点的直线的点斜式方程和 A_1B_1 的方程的联立，有

$$\begin{cases} Y - 15 = -5(X-0)/6 \\ Y = 1.2X + 15 + \sqrt{61} \end{cases}$$

解得 B_1 点坐标为 $\begin{cases} X = -3.841106398 \\ Y = 18.200922 \end{cases}$。

工艺分析：

设计精加工路线为：延长 AC 交圆弧于点 E，把下刀点选在这里，从 E 点沿顺时针方向加工。

精加工参考程序为：

O0110;	
G40 G49 G80 G69 G15 G21 G50 G17;	程序初始化
G91 G30 Z0;	主轴移动到换刀点，Z 轴第二参考点
T1;	T1 为 $\phi20$mm 立铣刀
M6;	换上 $\phi20$mm 立铣刀
G0 G90 G54 X40. Y2.;	定位到 E 点 $+X$ 方向一个刀具半径值、$+Y$ 方向 $>$ 一个刀具半径值的位置上方
M3 S1000;	
G43 H1 Z80. M8;	建立刀具长度补偿，定位到高于工件或夹具上最高点的位置
Z-10.;	定位到精加工深度
G1 G41 X30. Y-11. D01 F300;	建立刀具半径左补偿，为顺铣，刀具边缘切削到距离 E 点 4mm 的位置，此时刀具移动距离为 13mm $>$ 刀具半径 10mm；D01 里的形状数据为刀具半径值 10.0mm
Y-15. F120;	沿切线方向切入圆弧，切点为 E
G2 X25. Y-20. I-5.;	圆弧切削到 C_1 点
G1 X-25.;	直线切削到 A_2 点
G2 X-28.841 Y-11.799 J5.;	圆弧切削到 A_1 点
G1 X-3.841 Y18.201;	直线切削到 B_1 点
G2 X3.841 I3.841 J-3.201;	圆弧切削到 B_2 点
G1 X28.841 Y-11.799;	直线切削到 C_2 点

G2 X30. Y – 15. I – 3.841 J – 3.201;	圆弧切削到 E 点
G1 Y – 19.;	沿切线方向切出圆弧 4mm
G0 G40 Y – 32.;	取消刀具半径补偿, 此时刀具移动距离为 13mm > 刀具半径 10mm
Z20. M9;	抬刀
M5;	
G91 G30 Z0;	
G90 X __ Y __;	移动到便于装卸工件的位置上
M30;	

细节分析:

熟练掌握如何根据直线经过的点的坐标和倾斜角求直线的方程是前提, 然后根据已知直线和其平行线在 Y 轴交点的位置关系, 求出其平行线的方程; 相互垂直的两条直线, 其斜率之积为 – 1, 根据斜率和经过的点的坐标求出方程, 两条直线的方程联立求解, 就是交点的坐标值。

例 2-9 圆弧连接类工件的加工 (圆弧和直线的圆弧过渡连接, 切点的计算)。

如图 2-15 所示, 某一工件的外轮廓上有一段曲线是由两段圆弧相外切的形状, 材料为 45 钢, 试求出圆弧与圆弧的切点 A、圆弧与直线的切点 C 的坐标。

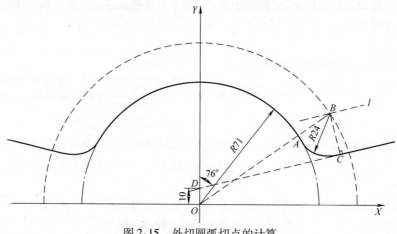

图 2-15　外切圆弧切点的计算

数学分析:

想求出过渡圆弧与圆弧和直线的切点坐标, 需要先求出 R24mm 过渡圆弧的圆心坐标。从 R71 圆心处作半径为 (71 + 24) 的圆, 作 DC 的平行线 l, 平行线间的距离为小圆半径 24, 则交点 B 就是 R24mm 过渡圆弧的圆心。

已知 D 点的坐标为 (0, 10), 且与 + X 轴的角度为 (90° – 76°), 根据直线的点斜式方程, 可知 DC 的直线方程为:

$$Y - 10 = (X - 0)\tan 14°, \text{ 化简得 } Y = X\tan 14° + 10。$$

直线 l 和 DC 平行, 设直线 l 的方程为 $Y = X\tan 14° + b$, 根据平行线间的距离公式, 有

$$24 = \frac{|b - 10|}{\sqrt{1 + \tan^2 14°}}。$$

从图 2-15 中可以看出, 直线 l 与 Y 轴的交点的 Y 坐标显然大于 D 点的 Y 坐标, 所以 b > 10,

解得

$b = 10 + 24 \sqrt{1 + \tan^2 14°}$，或化简为 $b = 10 + 24/\cos 14°$，即直线 l 的方程为 $Y = X\tan 14° + 10 + 24\sqrt{1 + \tan^2 14°}$ 或 $Y = X\tan 14° + 10 + 24/\cos 14°$。

由圆的方程和直线 l 的方程的联立，有

$$\begin{cases} X^2 + Y^2 = (71 + 24)^2 \\ Y = X\tan 14° + 10 + 24\sqrt{1 + \tan^2 14°} \end{cases}$$

解得 $R24\text{mm}$ 圆心 B 点的坐标值为 $\begin{cases} X_B = 78.02882911 \\ Y_B = 54.18949924 \end{cases}$。

连接两个圆心 OB，则两个圆的外切点 A 就在它们的连线上。求切点 A 的坐标，要用定比分点公式。

对于该图，A 分有向线段 OB 的定比分点 $\lambda = OA/AB = 71/24$。根据公式，有

$$\begin{cases} X_A = (X_O + \lambda X_B)/(1 + \lambda) = (0 + \dfrac{71}{24} \times 78.02882911)/(1 + \dfrac{71}{24}) = 58.3628281 \\ Y_A = (Y_O + \lambda Y_B)/(1 + \lambda) = (0 + \dfrac{71}{24} \times 54.18949924)/(1 + \dfrac{71}{24}) = 40.49952048 \end{cases}$$

切点 C 的坐标由经过点 B、与 $+X$ 轴的角度为 $(180° - 76°) = 104°$ 的直线 BC 和 DC 的直线方程的联立求得，有

$$\begin{cases} Y - 54.18949924 = (X - 78.02882911)\tan 104° \\ Y - 10 = (X - 0)\tan 14° \end{cases}$$

解得切点 C 的坐标为 $\begin{cases} X_C = 83.83495461 \\ Y_C = 30.9024018 \end{cases}$。

程序略。

例 2-10 花状外轮廓的加工（两圆交点的计算）。

如图 2-16 所示，某工件的上表面是一个花状外轮廓，试编写其加工程序。

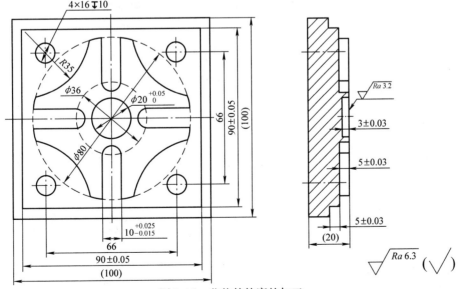

图 2-16　花状外轮廓的加工

数学分析：

要想编写其加工程序，必须先求出两个圆的交点的坐标。由在第一象限的两个圆的方程的联立，有

$$\begin{cases} X^2 + Y^2 = 40^2 & ① \\ (X-45)^2 + (Y-45)^2 = 35^2 & ② \end{cases}$$

把联立方程式展开，得

$$\begin{cases} X^2 + Y^2 = 1600 & ③ \\ X^2 - 90X + 2025 + Y^2 - 90Y + 2025 = 1225 & ④ \end{cases}$$

③-④，化简，得 $6X + 6Y = 295$，这就是经过 A、B 两个交点的直线的方程。

即 $X = (295 - 6Y)/6$。

把 X 的值代入①，化简，得

$$72Y^2 - 3540Y + 29425 = 0$$

解得 $Y_1 = 38.57117528$，$Y_2 = 10.59549139$。

把 Y 的值代入①，解得：$X_1 = 10.59549139$，$X_2 = 38.57117528$。

即在第一象限的两个交点坐标为 （38.571，10.595）、（10.595，38.571）；其余 3 个象限的 6 个交点的坐标分别为 （-10.595，38.571）、（-38.571，10.595）、（-38.571，-10.595）、（-10.595，-38.571）、（10.595，-38.571）、（38.571，-10.595）。

在 $+X$ 轴上，槽 $10^{+0.025}_{-0.015}$mm 和 ϕ80mm 的圆的交点的 X 坐标，根据勾股定理，为 $\sqrt{40^2 - 5^2} = 39.686$，即交点坐标为 （39.686，-5）、（39.686，5），在 $+Y$、$-X$、$-Y$ 轴上的交点坐标分别为 （5，39.686）、（-5，39.686）、（-39.686，5）、（-39.686，-5）、（-5，-39.686）、（5，-39.686）。

在 $+X$ 轴方向上，槽 $10^{+0.025}_{-0.015}$mm 深处，直线和圆弧交点处的 X 坐标，根据勾股定理，为 $\sqrt{18^2 - 5^2} = 17.292$。

工艺分析：

在机用虎钳钳口下垫等高块，用机用虎钳夹持工件约 8mm 厚，四面分中，用面铣刀铣去多余余量后，用 ϕ20mm 的粗铣立铣刀铣 90mm × 90mm 的外轮廓，粗铣花状轮廓；用 ϕ20mm 的精铣立铣刀铣 90mm × 90mm 的外轮廓；用 ϕ14mm 的粗铣立铣刀铣 4 个 ϕ16mm 的孔至 ϕ15mm，深度为 10mm；粗铣 ϕ20mm 孔至 ϕ19mm，深度为 3mm；用 ϕ14mm 的精铣立铣刀铣 4 个 ϕ16mm 的孔；精铣 ϕ20mm 孔至 ϕ20.02mm；用 ϕ8mm 的粗铣立铣刀铣槽 $10^{+0.025}_{-0.015}$mm 的中间位置，两边留有余量；用 ϕ8mm 的精铣立铣刀铣花状轮廓。

精加工花状轮廓的参考主程序：

O0103;	
G40 G49 G80 G69 G15 G21 G50 G17;	程序初始化
G91 G30 Z0;	主轴移动到换刀点，Z 轴第二参考点
T1;	T1 为 ϕ8mm 立铣刀
M6;	换上立铣刀
G0 G90 G54 X52. Y0;	定位到工件起点外 >2 倍刀具半径的位置
M3 S1200;	
G43 H1 Z80. M8;	建立刀具长度补偿，定位到高于工件或夹具上最高点的位置

Z0；

M98 P50104；

G91 G30 Z0 M9；

M5；

G90 X __ Y __；

M30；

参考子程序：

O0104；

G91 G0 Z－1.；

G90 G0 G41 X46. Y5. D01；　　　　　建立刀具半径左补偿

G1 X17. 292 F120；　　　　　　　　　经过了 X39. 686 Y5

G3 Y－5. R5.；

G1 X39. 686；

G2 X38. 571 Y－10. 595 R40.；

G3 X10. 595 Y－38. 571 R35.；

G2 X5. Y－39. 686 R40.；

G1 Y－17. 292；

G3 X－5. R5.；

G1 Y－39. 686；

G2 X－10. 595 Y－38. 571 R40.；

G3 X－38. 571 Y－10. 595 R35.；

G2 X－39. 686 Y－5. R40.；

G1 X－17. 292；

G3 Y5. R5.；

G1 X－39. 686；

G2 X－38. 571 Y10. 595 R40.；

G3 X－10. 595 Y38. 571 R35.；

G2 X－5. Y39. 686 R40.；

G1 Y17. 292；

G3 X5. R5.；

G1 Y39. 686；

G2 X10. 595 Y38. 571 R40.；

G3 X38. 571 Y10. 595 R35.；

G2 X40. Y0 R40.；　　　　　　　　　经过了 X39. 686 Y5.

G0 G40 X52.；　　　　　　　　　　　回到调用子程序之前的位置上

M99；

例 2-11　圆弧曲线外轮廓工件的加工（两圆内公切线切点的计算）。

如图 2-17 所示形状的工件，材料为 45 钢，外形已加工好，现在需要加工其轮廓，试编写加工程序。

数学分析：

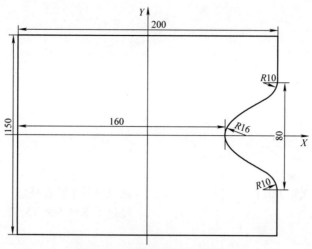

图 2-17　内公切线连接类工件图

由图 2-17 可知，$R16$ 的圆心坐标 D 为（76，0），$R10$ 的圆心坐标 A 为（90，40），两个圆心间的距离为 $d = \sqrt{(76-90)^2+(0-40)^2} = 42.3792402$，大于两个圆的半径的和（$10+16$），所以两个圆相离，两个圆中间的这段直线是它们的内公切线。

如图 2-18 所示，连接两个圆心，与内公切线的交点为 C，从圆心向内公切线作垂线，交于 E、B 两点，则 $DE \parallel AB$ 且 $\perp BE$。

设 DA 的倾斜角为 α，EB 的倾斜角为 β，从图中可以看出 $\beta = \alpha - \angle ACB$。$\tan\alpha = \dfrac{Y_D - Y_A}{X_D - X_A} = \dfrac{0-40}{76-90}$，解得 $\alpha = \arctan$ (40/14) = 70.70995378°。

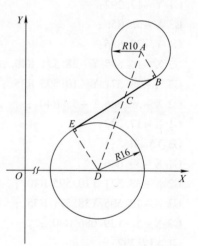

图 2-18　内公切线切点求法示意图

在 Rt$\triangle ABC$ 和 Rt$\triangle DEC$ 中，有 $\begin{cases} \angle ACB = \angle DCE \\ \angle CED = \angle CBA = 90° \end{cases}$

所以 Rt$\triangle ABC \backsim$ Rt$\triangle DEC$，则 $AC/CD = AB/DE = BC/EC = r/R = 10/16$。

则 $\sin\angle ACB = AB/AC = r/(d \times \dfrac{r}{r+R}) = (r+R)/d = (10+16)/42.3792402 = 0.6135079316$，解得 $\angle ACB = $ arcsin0.6135079316 = 37.84358377°。

所以 EB 的倾斜角为 β = 70.70995378° - 37.84358377° = 32.86637001°，斜率为 tan32.86637001° = 0.64609672416，AB、DE 的倾斜角为（32.86637001° + 90°）= 122.86637001°，斜率为 tan122.86637001° = -1.547755874。

已知 A 的坐标和 AB 的斜率，由直线的点斜式方程和圆的方程的联立，可以求出点 B 的坐标，有

$$\begin{cases} Y - 40 = -1.547755874(X-90) & \text{①} \\ (X-90)^2 + (Y-40)^2 = 10^2 & \text{②} \end{cases}$$

化简，移项，得 $3.3955482456X^2 - 611.1986842X + 27403.940789 = 0$。

根据图样，舍去一个根，解得 $X_B = 95.42681538$。

把 X_B 代入①或②，解得 $Y_B = 31.60061462$。

已知 D 的坐标和 DE 的斜率，由直线的点斜式方程和圆的方程的联立，可以求出点 E 的坐标，有

$$\begin{cases} Y - 0 = -1.547755874(X - 76) & ③ \\ (X - 76)^2 + (Y - 0)^2 = 16^2 & ④ \end{cases}$$

化简，移项，得 $3.3955482456X^2 - 516.1233333X + 19356.68667 = 0$。

根据图样，舍去一个根，解得 $X_E = 67.31709539$。

把 X 代入③或④，解得 $Y_E = 13.43901661$。

E 的坐标值也可以用定比分点公式求出：

C 分 $\overline{AD}$ 的定比分点 $\lambda_1 = \overline{AC}/\overline{CD} = 10/16 = 0.625$，所以

$X_C = (X_A + \lambda_1 X_D)/(1 + \lambda_1) = (90 + 0.625 \times 76)/(1 + 0.625) = 84.615384615$

$Y_C = (Y_A + \lambda_1 Y_D)/(1 + \lambda_1) = (40 + 0.625 \times 0)/(1 + 0.625) = 24.615384615$

E 分 BC 的定比分点 $\lambda_2 = BE/EC = (10 + 16)/-16 = -1.625$，所以

$X_E = (X_B + \lambda_2 X_C)/(1 + \lambda_2) = (95.42681538 - 1.625 \times 84.61538615)/(1 - 1.625) = 67.31709539$

$Y_E = (Y_B + \lambda_2 Y_C)/(1 + \lambda_2) = (31.60061462 - 1.625 \times 24.615384615)/(1 - 1.625) =$
13.43901661

工艺分析：

夹紧工件，对好刀具后，从工件右下角起刀，沿顺时针方向加工。

参考精加工程序如下：

O0108；	
G40 G49 G80 G69 G15 G21 G50 G17；	程序初始化
G91 G30 Z0；	主轴移动到换刀点，Z 轴第二参考点
T1；	T1 为 ϕ20mm 立铣刀
M6；	换上立铣刀
G0 G90 G54 X125. Y-85.；	定位到工件右下角起点外 >2 倍刀具半径的位置
M3 S1200；	
G43 H1 Z80. M8；	建立刀具长度补偿，定位到高于工件或夹具上最高点的位置
Z1.；	接近工件
Z-10.；	定位到要加工的深度上
G41 X112. Y-75. D01；	建立刀具半径左补偿
G1 X-100. F200；	切削到左下角，经过了右下角的位置
Y75.；	切削到左上角
X100.；	切削到右上角
Y40.；	切削到圆弧的起点上
G2 X95.427 Y31.601 R10.；	切削圆弧
G1 X67.317 Y13.439；	切削内公切线
G3 Y-13.439 R16.；	切削圆弧

G1 X95. 427 Y – 31. 601；　　　　　　切削内公切线

G2 X100. Y – 40. R10. ；　　　　　　切削圆弧

G1 Y – 80. ；　　　　　　　　　　　切削到右下角，延长了5mm

G40 G0 Y – 92. ；　　　　　　　　　　取消刀具半径补偿

G91 G30 Z0 M9；

M5；

G90 X __ Y __；　　　　　　　　　　移动到便于装卸工件的位置上

M30；

例2-12　跑道类工件的加工（两圆外公切线切点的计算）。

如图 2-19 所示，某一个工件的上面是一个跑道形状的外轮廓，两个圆之间的直线是它们的外公切线。大圆圆心为（– 124，92），半径为38mm；小圆圆心为（– 45，65），半径为26mm。试编写其加工程序。

数学分析：

要想编写其加工程序，要求出其 4 个切点坐标。经过大圆的圆心 B 作公切线的垂线，垂足为 C、F；经过小圆的圆心 A 作公切线的垂线，垂足为 D、E。经过小圆圆心作外公切线的平行线，交 BC 于 H，交 BF 于 G。

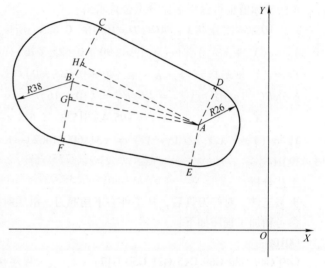

图 2-19　跑道形状工件

圆心间的连线 AB 的斜率 $k = \dfrac{Y_A - Y_B}{X_A - X_B} = \dfrac{65 - 92}{-45 + 124} = -0.3417721519$，用科学计算器计算其倾斜角度为 $\arctan(-0.3417721519) = -18.8689994551°$，实际角度为 $180° - 18.8689994551° = 161.1310005449°$。$AH \parallel DC$，倾斜角相等，从图 2-19 中可以看出，$AH$ 的倾斜角为 AB 的倾斜角减去 $\angle HAB$。

$BH = BC - HC = 38 - 26 = 12$，在 Rt$\triangle AHB$ 中：

$\angle HAB = \arcsin(BH/AB) = \arcsin\left(12/\sqrt{(65-92)^2 + (-45+124)^2}\right) = 8.2640772286°$。所以 AH 的倾斜角为 $161.1310005449° - 8.2640772286° = 152.8669233163°$。所以 AH 的直线方程为：$Y - 65 = (X + 45)\tan152.8669233163°$。

$AH \parallel DC$，DC 在 AH 上方且距离为 26，所以 DC 的方程为 $Y = (X + 45)\tan152.8669233163° + 65 - 26/\cos152.8669233163°$。其和圆 A 的方程联立，有

$$\begin{cases} Y = (X + 45)\tan152.8669233163° + 65 - 26/\cos152.8669233163° \\ (X + 45)^2 + (Y - 65)^2 = 26^2 \end{cases}$$

观察交点的位置，选择 X 坐标值大的根，解得切点 D 的坐标为 $\begin{cases} X_D = -33.14247254 \\ Y_D = 88.13869146 \end{cases}$。

其和圆 B 的方程联立，有

$$\begin{cases} Y = (X+45)\tan 152.8669233163° + 65 - 26/\cos 152.8669233163° \\ (X+124)^2 + (Y-92)^2 = 38^2 \end{cases}$$

观察交点的位置，选择 X 坐标值大的根，解得切点 C 的坐标为 $\begin{cases} X_C = -106.6697676 \\ Y_C = 125.8180875 \end{cases}$。

AG 的倾斜角为 $161.1310005449° + 8.2640772286° = 169.3950777735°$。所以 AG 的直线方程为：$Y - 65 = (X+45)\tan 169.3950777735°$。

$EF /\!/ AG$，EF 在 AG 下方且距离为 26，所以 EF 的方程为 $Y = (X+45)\tan 169.3950777735° + 65 + 26/\cos 169.3950777735°$。

上述用直线和圆的方程联立求交点 C、D 的坐标，圆的方程是 2 次幂，有两个根，需要判断取哪个根，相对较烦琐；下面不再这样，而是用直线和直线的方程联立求交点 E、F 的坐标，交点只有一个。由 AG 和 AE 的直线方程联立，有

$$\begin{cases} Y = (X+45)\tan 169.3950777735° + 65 + 26/\cos 169.3950777735° \\ Y - 65 = (X+45)\tan(169.3950777735° - 90°) \end{cases}$$

解得交点 E 的坐标为 $\begin{cases} X_E = -49.78493062 \\ Y_E = 39.4440919 \end{cases}$。

由 AG 和 BF 的直线方程联立，有

$$\begin{cases} Y = (X+45)\tan 169.3950777735° + 65 + 26/\cos 169.3950777735° \\ Y - 92 = (X+124)\tan(169.3950777735° - 90°) \end{cases}$$

解得交点 F 的坐标为 $\begin{cases} X_F = -130.9933601 \\ Y_F = 54.64905739 \end{cases}$。

工艺分析：

装夹好工件，对好刀具后，从小圆圆心 $+X$ 方向的交点的 $+Y$ 轴方向接近工件，并建立刀具半径补偿，沿顺时针方向加工一圈。

参考程序如下：

O0118;	
G40 G49 G80 G69 G15 G21 G50 G17;	程序初始化
G91 G30 Z0;	主轴移动到换刀点，Z 轴第二参考点
T1;	T1 为 ϕ20mm 立铣刀
M6;	换上立铣刀
G0 G90 G54 X-9. Y92.;	定位到距工件右端 $+X$ 轴方向 1 倍刀具半径、$+Y$ 轴方向 >2 倍刀具半径的位置
M3 S1000;	
G43 H1 Z80. M8;	建立刀具长度补偿，定位到高于工件或夹具上最高点的位置
Z1.;	接近工件
Z-10.;	定位到要加工的深度上
G41 X-19. Y78. D01;	建立刀具半径左补偿，移动距离大于刀具半径
G1 Y65. F200;	沿圆弧切线方向切入工件，切入点为经过圆弧圆心作 X 轴的平行线与圆弧的交点，这么编程容易计算切点坐标

G2 X – 49.785 Y39.444 R26.；   切到 E 点

G1 X – 130.993 Y54.649；   切到 F 点

G2 X – 106.67 Y125.818 I6.993 J37.351；   切到 C 点

G1 X – 33.142 Y88.139；   切到 D 点

G2 X – 19. Y65. R26.；

G1 Y52.；   沿圆弧切线方向切出工件

G40 G0 Y40.；   取消刀具半径补偿

G91 G30 Z0 M9；

M5；

G90 X __ Y __；   移动到便于装卸工件的位置上

M30；

细节提示：

该例两圆外公切线切点的求法和上例两圆内公切线切点的求法相似。解这类题，应先求出圆心连线间的直线的倾斜角，然后通过加上或减去一个夹角得出外公切线或内公切线的倾斜角，根据直线和直线的联立方程或直线和圆的联立方程求出切点坐标。

例 2-13　等分偏心圆弧槽工件的加工（三角函数的应用）。

如图 2-20 所示，这是一个等分偏心圆弧槽，材料为铝合金，试编写其加工程序。

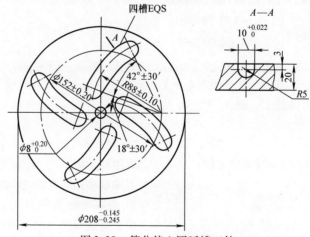

图 2-20　等分偏心圆弧槽工件

数学分析：

圆心在（76，0）、半径为 $R88\text{mm}$ 的圆弧槽一端的圆心坐标为 $\begin{cases} X = r\cos120° + 76 = 32 \\ Y = r\sin120° = 76.210 \end{cases}$，另一

端的圆心坐标为 $\begin{cases} X = r\cos162° + 76 = -7.693 \\ Y = r\sin162° = 27.193 \end{cases}$。按逆时针方向，其余 6 个端点圆心的坐标依次为

（-76.21，32）、（-27.193，-7.693）、（-32，-76.21）、（7.693，-27.193）、（76.21，-32）、（27.193，7.693）。

工艺分析：

夹紧工件，找出圆心后，先选择 $\phi10\text{mm}$ 立铣刀加工槽上部分的 3mm 深度，后选择 $\phi10\text{mm}$ 球头立铣刀加工槽下部分的 5mm 深度。

参考主程序如下：

```
O0128；
G40 G49 G80 G69 G15 G21 G50 G17；          程序初始化
G91 G30 Z0；                               主轴移动到换刀点，Z轴第二参考点
T1；                                       T1为φ10mm立铣刀，中心有切削刃
M6；                                       换上立铣刀
G0 G90 G54 X32. Y76.21 T2；                定位到第一个槽一端的圆心上方，备选φ10mm
                                           球头立铣刀

M3 S1000；
G43 H1 Z80. M8；                           建立刀具长度补偿，定位到高于工件或夹具上
                                           最高点的位置

Z1.；                                      接近工件
G1 Z0 F80；                                切削到Z0平面上
M98 P30129；                               调用铣第一个槽的子程序3次
G0 G90 Z1.；                               抬刀
X－76.21 Y32.；                            定位到第二个槽一端的圆心上方
G1 Z0 F80；                                切削到Z0平面上
M98 P30130；                               调用铣第二个槽的子程序3次
G0 G90 Z1.；                               抬刀
X－32 Y－76.21；                           定位到第三个槽一端的圆心上方
G1 Z0 F80；                                切削到Z0平面上
M98 P30131；                               调用铣第三个槽的子程序3次
G0 G90 Z1.；                               抬刀
X76.21 Y－32.；                            定位到第四个槽一端的圆心上方
G1 Z0 F80；                                切削到Z0平面上
M98 P30132；                               调用铣第四个槽的子程序3次
G91 G30 Z0；                               主轴移动到换刀点，Z轴第二参考点
T2；                                       T2为φ10mm球头立铣刀
M6；                                       换上球头立铣刀
G0 G90 G54 X32. Y76.21 T1；                定位到第一个槽一端的圆心上方，备选φ10mm
                                           立铣刀

M3 S1000；
G43 H1 Z80. M8；                           建立刀具长度补偿，定位到高于工件或夹具上
                                           最高点的位置

Z1.；                                      接近工件
G1 Z－4. F500；                            切削到接近上一把刀加工过的深度上
Z－5. F80；                                切削到Z－5平面上
M98 P50129；                               调用铣第一个槽的子程序5次
G0 G90 Z1.；                               抬刀
X－76.21 Y32.；                            定位到第二个槽一端的圆心上方
G1 Z－4. F500；                            切削到接近上一把刀加工过的深度上
```

Z – 5. F80;	切削到 Z – 5 平面上
M98 P50130;	调用铣第二个槽的子程序 5 次
G0 G90 Z1.;	抬刀
X – 32 Y – 76.21;	定位到第三个槽一端的圆心上方
G1 Z – 4. F500;	切削到接近上一把刀加工过的深度上
Z – 5. F80;	切削到 Z – 5 平面上
M98 P50131;	调用铣第三个槽的子程序 5 次
G0 G90 Z1.;	抬刀
X76.21 Y – 32.;	定位到第四个槽一端的圆心上方
G1 Z – 4. F500;	切削到接近上一把刀加工过的深度上
Z – 5. F80;	切削到 Z – 5 平面上
M98 P50132;	调用铣第四个槽的子程序 5 次
G0 G90 Z20. M5;	抬刀，主轴停止
G91 G30 Z0 M9;	直接返回 Z 轴第二参考点
G90 X __ Y __;	移动到便于工件的位置上
M30;	

参考子程序如下：

O0129; 铣第一个槽的子程序	
G91 G1 Z – 0.5 F80;	以相对坐标，较小的进给量下刀 0.5mm
G90 G3 X – 7.693 Y27.193 R88. F200;	以绝对坐标，加工到第一个槽另一端的圆心上
G91 G1 Z – 0.5 F80;	以相对坐标，较小的进给量下刀 0.5mm
G90 G2 X32. Y76.21 R88. F200;	以绝对坐标，返回加工到第一个槽一端的圆心上
M99;	往复加工，每调用一次子程序下刀 1mm
O0130; 铣第二个槽的子程序	
G91 G1 Z – 0.5 F80;	以相对坐标，较小的进给量下刀 0.5mm
G90 G3 X – 27.193 Y – 7.693 R88. F200;	以绝对坐标，加工到第二个槽另一端的圆心上
G91 G1 Z – 0.5 F80;	以相对坐标，较小的进给量下刀 0.5mm
G90 G2 X – 76.21 Y32. R88. F200;	以绝对坐标，返回加工到第二个槽一端的圆心上
M99;	往复加工，每调用一次子程序下刀 1mm
O0131; 铣第三个槽的子程序	
G91 G1 Z – 0.5 F80;	以相对坐标，较小的进给量下刀 0.5mm
G90 G3 X7.693 Y – 27.193 R88. F200;	以绝对坐标，加工到第三个槽另一端的圆心上
G91 G1 Z – 0.5 F80;	以相对坐标，较小的进给量下刀 0.5mm
G90 G2 X – 32. Y – 76.21 R88. F200;	以绝对坐标，返回加工到第三个槽一端的圆心上
M99;	往复加工，每调用一次子程序下刀 1mm
O0132; 铣第四个槽的子程序	
G91 G1 Z – 0.5 F80;	以相对坐标，较小的进给量下刀 0.5mm
G90 G3 X27.193 Y7.693 R88. F200;	以绝对坐标，加工到第四个槽另一端的圆心上
G91 G1 Z – 0.5 F80;	以相对坐标，较小的进给量下刀 0.5mm
G90 G2 X76.21 Y – 32. R88. F200;	以绝对坐标，返回加工到第四个槽一端的圆心上
M99;	往复加工，每调用一次子程序下刀 1mm

细节提示：

也可以把4个圆弧槽的圆心分别设为4个不同坐标系的零点，用极坐标系去编程，读者可以尝试一下。

例2-14 "8"字形状的内轮廓加工（两圆交点的计算）。

如图2-21所示，在工件中需要加工一个由两个圆相交形成的类似于"8"的内轮廓图形，材料为铝合金。已知大圆 O_1 的圆心坐标为（-30.6，-74.8），半径为101.5mm，小圆 O_2 的圆心坐标为（-67.9，68.8），半径为81.1mm，内轮廓已粗加工好，选用 ϕ20mm 的立铣刀，试编写其精加工程序。

数学分析：

要想编写其加工程序，必须先求出两个圆的交点的坐标。由两个圆的方程的联立，有

$$\begin{cases} (X+30.6)^2 + (Y+74.8)^2 = 101.5^2 & ① \\ (X+67.9)^2 + (Y-68.8)^2 = 81.1^2 & ② \end{cases}$$

把方程式展开，得

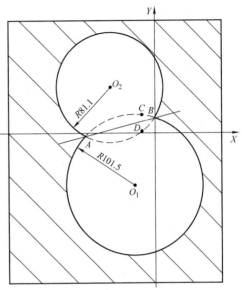

图2-21　两个圆的交点的坐标计算

$$\begin{cases} X^2 + 61.2X + 936.36 + Y^2 + 149.6Y + 5595.04 = 10302.25 & ③ \\ X^2 + 135.8X + 4610.41 + Y^2 - 137.6Y + 4733.44 = 6577.21 & ④ \end{cases}$$

由③-④式，得 $-74.6X + 287.2Y = 6537.49$　　　　　　⑤

这就是经过A、B两个交点的直线的方程。即 $Y = (74.6X + 6537.49)/287.2$

把 Y 的值代入①~④式中的任意一个，解得 $X_1 = -1.382319199$，$X_2 = -103.4298021$。

把 X 的值代入⑤式，解得 $Y_1 = 22.40379174$，$Y_2 = -4.10297088$。

即交点 A 坐标为（-103.4298021，-4.10297088），交点 B 坐标为（-1.382319199，22.40379174）。

工艺分析：

夹紧工件，对好工件坐标系零点后，用 ϕ20mm 的立铣刀，从两圆交叉点附近下刀，逆时针方向沿两圆内壁加工一圈，退刀。

编程思路：

如果把下刀点选择在两段圆弧任意点的内壁上，即使采用1/4圆弧切入、切出，也会留下一点痕迹。工件正好是中空的，从A、B两点之间的弧线上进刀、退刀是最好的选择。

1. 采用刀具半径补偿时

已知刀具半径值为10mm，交点 B 的 X 坐标为-1.382，当我们选择的下刀点的 $X = -20$ 时，刀具完全脱离工件，且有一定的安全距离；把 $X = -20$ 代入①②式，得出 C 点坐标为（-20，26.145），D 点坐标为（-20，3.357）。

参考程序为：

……

G0 X-35. Y3.357;　定位到 D 点左边15mm大于刀具半径的位置上

Z__;　　　　　　下刀到加工深度

133

G41 X − 20. D $\underline{01}$；定位到 D 点的同时，建立刀具半径左补偿；此时，刀具边缘在 D 点上

G3 X − 103.43 Y − 4.103 I − 47.9 J65.443 F300；顺铣，从 D 点逆时针圆弧切削到 A 点，经过了 B 点；I、J 为圆心 O_2 减去圆弧起点 D 的两轴坐标差，或者说为圆弧起点 D 指向圆心 O_2 在两轴的矢量分解值

G3 X − 20. Y26.145 I72.83 J − 70.697；从 A 点逆时针圆弧切削到 C 点，经过了 B 点；I、J 为圆心 O_1 减去圆弧起点 A 的两轴坐标差，或者说为圆弧起点 A 指向圆心 O_1 在两轴的矢量分解值

G0 G40 X − 35.；向左移动 15mm 大于刀具半径的位置上，取消刀具半径补偿

G0 Z __；抬刀

……

2. 不采用刀具半径补偿时

不采用刀具半径补偿，直接计算刀具中心的轨迹，则刀具中心的轨迹向圆心一侧偏移一个刀具半径的值，需先求出两个圆的交点的坐标。由两个圆的方程的联立，有

$$\begin{cases} (X + 30.6)^2 + (Y + 74.8)^2 = (101.5 − 10)^2 & ① \\ (X + 67.9)^2 + (Y − 68.8)^2 = (81.1 − 10)^2 & ② \end{cases}$$

把方程式展开后，化简，得 $− 74.6X + 287.2Y = 6129.49$

即：$Y = (74.6X + 6129.49)/287.2$ ③

这就是经过圆心不变、半径同时缩小 10mm 后的两个圆的两个交点的直线方程，其斜率 $k = 74.6/287.2 = 0.2597493036$。对比前面的⑤式，可以看出，圆心不变、半径不同的两个相交圆，交点连线间的直线方程，其斜率不变，且其斜率和圆心连线间直线的斜率[$k = (− 74.8 − 68.8)/(− 30.6 + 67.9) = − 3.849865952$]之积为 $− 1$，即两者垂直。

把③式代入①式或②式，解得：$X_1 = − 20.16863438$，$X_2 = − 83.95212643$。

把 X 的值代入③式，解得：$Y_1 = 16.10344664$，$Y_2 = − 0.4642710017$。

即左边的交点 A' 坐标为（$− 83.95212643$，$− 0.4642710017$），右边的交点 B' 坐标为（$− 20.16863438$，16.10344664）。

圆心不变、半径同时缩小 10mm 后的两个圆的两个交点，B' 到同在右侧的交点 B 的距离为

$d = \sqrt{(− 20.16863438 + 1.382319199)^2 + (16.10344664 − 22.40379174)^2}$ mm $= 19.81464071$mm，

A' 到同在左侧的交点 A 的距离也是这个值，$>$ 刀具半径值 10mm，从这个位置下刀，不会发生碰撞。

参考程序为：

……

G0 X − 20.169 Y16.103；	定位到右侧交点 B' 上
Z __；	下刀到加工深度
G3 X − 83.952 Y − 0.464 I − 47.731 J52.697 F300；	顺铣，从 B' 点逆时针圆弧切削到 A' 点；I、J 为圆心 O_2 减去圆弧起点 B' 的两轴坐标差，或者说为圆弧起点 B' 指向圆心 O_2 在两轴的矢量分解值
G3 X − 20.169 Y16.103 I53.352 J − 74.336；	从 A' 点逆时针圆弧切削到 B' 点；I、J 为圆心 O_1 减去圆弧起点 A' 的两轴坐标差，或者说为圆弧起点 A' 指向圆心 O_1 在两轴的矢量分解值
G0 Z __；抬刀	
……	

附　录

附录 A　三角函数关系

1. 任意角度的三角函数转化锐角三角函数

	$\pm\alpha$	$90°\pm\alpha$	$180°\pm\alpha$	$270°\pm\alpha$	$360°\pm\alpha$
$\sin\alpha$	$\pm\sin\alpha$	$+\cos\alpha$	$\mp\sin\alpha$	$-\cos\alpha$	$\pm\sin\alpha$
$\cos\alpha$	$+\cos\alpha$	$\mp\sin\alpha$	$-\cos\alpha$	$\pm\sin\alpha$	$+\cos\alpha$
$\tan\alpha$	$\pm\tan\alpha$	$\mp\cot\alpha$	$\pm\tan\alpha$	$\mp\cot\alpha$	$\pm\tan\alpha$
$\cot\alpha$	$\pm\cot\alpha$	$\mp\tan\alpha$	$\pm\cot\alpha$	$\mp\tan\alpha$	$\pm\cot\alpha$

2. 常用三角公式

（1）倒数关系等

$\sin\alpha\csc\alpha = 1$

$\cos\alpha\sec\alpha = 1$

$\tan\alpha\cot\alpha = 1$

$\sin^2\alpha + \cos^2\alpha = 1$

$\tan^2\alpha + 1 = 1/\cos^2\alpha$

$\cot^2\alpha + 1 = 1/\sin^2\alpha$

（2）和（差）角公式

$\sin(\alpha\pm\beta) = \sin\alpha\cos\beta \pm \cos\alpha\sin\beta$

$\cos(\alpha\pm\beta) = \cos\alpha\cos\beta \mp \sin\alpha\sin\beta$

$\tan(\alpha\pm\beta) = (\tan\alpha\pm\tan\beta)/(1\mp\tan\alpha\tan\beta)$

$\cot(\alpha\pm\beta) = (\cot\alpha\cot\beta\mp 1)/(\cot\beta\pm\cot\alpha)$

（3）倍角公式

$\sin 2\alpha = 2\sin\alpha\cos\alpha$

$\cos 2\alpha = \cos^2\alpha - \sin^2\alpha = 1 - 2\sin^2\alpha = 2\cos^2\alpha - 1$

$\tan 2\alpha = 2\tan\alpha/(1 - \tan^2\alpha)$

$\cot 2\alpha = (\cot^2\alpha - 1)/2\cot\alpha$

（4）半角公式

$\sin(\alpha/2) = \sqrt{(1 - \cos\alpha)/2} = (\sqrt{1 + \sin\alpha} - \sqrt{1 - \sin\alpha})/2$

$\cos(\alpha/2) = \sqrt{(1 + \cos\alpha)/2} = (\sqrt{1 + \sin\alpha} + \sqrt{1 - \sin\alpha})/2$

$\tan(\alpha/2) = \sin\alpha/(1 + \cos\alpha) = (1 - \cos\alpha)/\sin\alpha = \sqrt{(1 - \cos\alpha)/(1 + \cos\alpha)}$

$\cot(\alpha/2) = (1 + \cos\alpha)/\sin\alpha = \sin\alpha/(1 - \cos\alpha) = \sqrt{(1 + \cos\alpha)/(1 - \cos\alpha)}$

（5）积化和差公式

$\sin\alpha\sin\beta = [\cos(\alpha - \beta) - \cos(\alpha + \beta)]/2$

$$\sin\alpha\cos\beta = [\sin(\alpha+\beta) + \sin(\alpha-\beta)]/2$$

$$\cos\alpha\cos\beta = [\cos(\alpha+\beta) + \cos(\alpha-\beta)]/2$$

$$\cos\alpha\sin\beta = [\sin(\alpha+\beta) - \sin(\alpha-\beta)]/2$$

$$\tan\alpha\tan\beta = (\tan\alpha + \tan\beta)/(\cot\alpha + \cot\beta)$$

$$\cot\alpha\cot\beta = (\cot\alpha + \cot\beta)/(\tan\alpha + \tan\beta)$$

（6）和差化积公式

$$\sin\alpha + \sin\beta = 2\sin[(\alpha+\beta)/2]\cos[(\alpha-\beta)/2]$$

$$\sin\alpha - \sin\beta = 2\sin[(\alpha-\beta)/2]\cos[(\alpha+\beta)/2]$$

$$\cos\alpha + \cos\beta = 2\cos[(\alpha+\beta)/2]\cos[(\alpha-\beta)/2]$$

$$\cos\alpha - \cos\beta = -2\sin[(\alpha+\beta)/2]\sin[(\alpha-\beta)/2]$$

$$\tan\alpha \pm \tan\beta = \sin(\alpha\pm\beta)/(\cos\alpha\cos\beta)$$

$$\cot\alpha \pm \cot\beta = \sin(\beta\pm\alpha)/(\sin\alpha\sin\beta)$$

（7）万能公式

$$\sin\alpha = 2\tan(\alpha/2)/[1 + \tan^2(\alpha/2)]$$

$$\cos\alpha = [1 - \tan^2(\alpha/2)]/[1 + \tan^2(\alpha/2)]$$

$$\tan\alpha = 2\tan(\alpha/2)/[1 - \tan^2(\alpha/2)]$$

（8）其他常用公式

$$\sin^2\alpha - \sin^2\beta = \cos^2\beta - \cos^2\alpha = \sin(\alpha+\beta)\cdot\sin(\alpha-\beta)$$

$$\cos^2\alpha - \sin^2\beta = \cos^2\beta - \sin^2\alpha = \cos(\alpha+\beta)\cdot\cos(\alpha-\beta)$$

$$\sin^2\alpha = (1 - \cos 2\alpha)/2$$

$$\cos^2\alpha = (1 + \cos 2\alpha)/2$$

$$\sin^3\alpha = (3\sin\alpha - \sin 3\alpha)/4$$

$$\cos^3\alpha = (3\cos\alpha + \cos 3\alpha)/4$$

$$a\sin x + b\cos x = \sqrt{a^2 + b^2}\sin(x + \varphi)\,(\tan\varphi = b/a)$$

（9）三角形元素间的关系 a、b、c 是三角形的三边，A、B、C 是三个角，R 为外接圆半径，r 为内切圆半径，S 为三角形面积，半周长 $s = (a+b+c)/2$。

1）正弦定理。

$$a/\sin A = b/\sin B = c/\sin C = 2R$$

2）余弦定理。

$$a^2 = b^2 + c^2 - 2bc\cos A$$

$$b^2 = a^2 + c^2 - 2ac\cos B$$

$$c^2 = a^2 + b^2 - 2ab\cos C$$

3）正切定理。

$$(a+b)/(a-b) = \tan[(A+B)/2]/\tan[(A-B)/2]$$

$$(a-b)/(a+b) = \tan[(A-B)/2]\tan(C/2)$$

$$(b+c)/(b-c) = \tan[(B+C)/2]/\tan[(B-C)/2]$$

$$(b-c)/(b+c) = \tan[(B-C)/2]\tan(A/2)$$

$$(c+a)/(c-a) = \tan[(C+A)/2]/\tan[(C-A)/2]$$

$$(c-a)/(c+a) = \tan[(C-A)/2]\tan(B/2)$$

4）半角公式。

$$\sin(A/2) = \sqrt{(s-b)(s-c)/bc}$$

$$\sin(B/2) = \sqrt{(s-a)(s-c)/ac}$$

$$\sin(C/2) = \sqrt{(s-a)(s-b)/ab}$$

$$\cos(A/2) = \sqrt{s(s-a)/bc}$$

$$\cos(B/2) = \sqrt{s(s-b)/ac}$$

$$\cos(C/2) = \sqrt{s(s-c)/ab}$$

$$\tan(A/2) = r/(s-a)$$

$$\tan(B/2) = r/(s-b)$$

$$\tan(C/2) = r/(s-c)$$

5）面积公式。

$$S = ab\sin(C/2) = bc\sin(A/2) = ac\sin(B/2)$$

$$S = \sqrt{s(s-a)(s-b)(s-c)} = rs$$

3. 常用角度的三角函数值

角度值 \ 函数值 \ 函数	sin	cos	tan
0°	0	1	0
15°	$(\sqrt{6}-\sqrt{2})/4$	$(\sqrt{6}+\sqrt{2})/4$	$2-\sqrt{3}$
18°	$(\sqrt{5}-1)/4$	$\sqrt{10+2\sqrt{5}}/4$	$\sqrt{25-10\sqrt{5}}/5$
22.5°	$\sqrt{2-\sqrt{2}}/2$	$\sqrt{2+\sqrt{2}}/2$	$\sqrt{2}-1$
30°	0.5	$\sqrt{3}/2$	$\sqrt{3}/3$
36°	$\sqrt{10-2\sqrt{5}}/4$	$(1+\sqrt{5})/4$	$\sqrt{5-2\sqrt{5}}$
45°	$\sqrt{2}/2$	$\sqrt{2}/2$	1
54°	$(1+\sqrt{5})/4$	$\sqrt{10-2\sqrt{5}}/4$	$\sqrt{25+10\sqrt{5}}/5$
60°	$\sqrt{3}/2$	0.5	$\sqrt{3}$
67.5°	$\sqrt{2+\sqrt{2}}/2$	$\sqrt{2-\sqrt{2}}/2$	$\sqrt{2}+1$
72°	$\sqrt{10+2\sqrt{5}}/4$	$(\sqrt{5}-1)/4$	$\sqrt{5+2\sqrt{5}}$
75°	$(\sqrt{6}-\sqrt{2})/4$	$(\sqrt{6}+\sqrt{2})/4$	$2+\sqrt{3}$
90°	1	0	—

附录B　数控操作面板常用术语英汉对照

EDIT　编辑

AUTO/MEM（Memory）　自动/存储运行

JOG　手动

Handle/MPG　手轮

MDI（Manual Data Input）　手动数据输入/录入

REF/ZRN（Zero Return）　回机械零点

INC　增量进给方式

Teach　示教方式

CNC：Computer Numerical Control　计算机数字控制

DNC：Direct Numerical Control　直接数字控制

Magazine　刀库

F：feed　进给量，进给值

Feedrate 进给倍率

feedrate override 进给倍率修调

T：tool 刀具

S：speed 速度，转速

spindle override 主轴倍率修调

sensor 传感器

original 起源

turret 转塔刀架

index 索引，表征

X、Y、Z、4th axis X、Y、Z、 第四轴

ATC：Auto Tool Changer 机械手

APC：Auto Pallet Changer 自动托台交换（卧式四轴回转工作台加工中心）

BG – EDIT 后台编辑（FANUC、MORI SEIKI 有此功能）

END – EDIT 后台编辑结束

pot up/down sensor alarm 刀套上/下传感报警器

spindle 主轴

CW/CCW 正/反转

status 状态

rapid 快速移动

rapid override 快速倍率修调

spindle orientation 主轴定向停止

coolant 切削液

lubricant 润滑油

coolant is not in auto model 切削液不在自动方式

lubricant level low 润滑油液位低

pressure 压力

air low/air too low 气压低

BT：Block Tool system 插入快换式系统

EOB：end of block 程序段结束/换行

POS：position 位置

Shift 上档

CAN：cancel 取消

Input 输入

System 系统

Message （报警）信息

customer graph 用户图形界面

alter 替换

help 帮助

insert 插入

reset 复位

delete 删除

macro 宏

PROG：program 程序

quill out/in 顶尖前进/后退

tailstock/tail stock 尾座

chip conveyor 排屑器

chuck clamp/unclamp 卡盘夹紧/松开

execute 执行

ladder 梯形图

EXT：external 外部的（坐标系）（FANUC、MITSUBISHI、MORI SEIKI 有此功能，MORI SEIKI 上称为"通用"）

Parameter 参数

offset/setting 刀具偏置/设置

not ready 未准备好

alarm 报警

FOR.（forward）/Reverse（或 Back） 正/反转

Left/Right 正/反转

dry run 空运行/试运行

machine lock 机械锁/机床锁

single block 单程序段运行

cancel Z Z轴取消，Z轴锁

optional stop （程序）计划/选择停止

block skip 程序段跳跃

O. T. release：Over Travel release 超程解除/超程释放

lathe 车

mill 铣

actual 实际的

trace 踪迹

cassette 盒子

dwell 暂停

frequency 频率

main 主程序

sub. 子程序

emergency stop 紧急停止

absolute/incremental dimension 绝对/相对坐标

polar 极坐标

polar coordinate　极坐标系
geometry　几何的，形状，外形
wear　磨损/磨耗

steady rest　中心架
bearing　轴承

附录 C　非完全平方数二次根式的计算方法

在数控加工中，经常要对图样上的一些数据做处理，三角函数、极坐标、勾股定理等是经常用到的，很多时候，不可避免地要和二次根式打交道。在手头没有科学型计算器的情况下，有没有一种简便可行的方法能快速且准确地计算出能满足机床运行精度的数值呢？

笔者结合平方根式和完全平方公式，推导出一种简便的计算二次根式的方法，使用起来得心应手，奉献出来，以飨读者。

如果采用逆向思维，可以把二次根式看作是完全平方公式的逆运算，已知完全平方公式为：$(a \pm b)^2 = a^2 \pm 2ab + b^2$。如果 $a \gg b > 0$，且 b 的值很小，则 b^2 趋近于 0，可以忽略，则公式蜕变为：$(a \pm b)^2 \approx a^2 \pm 2ab$，则 $\sqrt{a^2 \pm 2ab} \approx a \pm b$。

例 1：求 $\sqrt{2900} = ?$

已知 $54^2 = 2916$，接近于被开方数 2900。令 $a = 54$，则 $2ab = (2900 - 2916)$，求得 $\sqrt{2900} \approx 54 + (2900 - 2916)/(2 \times 54) = 53.85185185$，和 $\sqrt{2900}$ 的值 53.85164807 相差 2.0378×10^{-4}，满足机床分辨率要求。

例 2：求 $\sqrt{3375} = ?$

① 已知 $58^2 = 3364$，接近于被开方数 3375。令 $a = 58$，则 $2ab = (3375 - 3364)$，求得 $\sqrt{3375} \approx 58 + (3375 - 3364)/(2 \times 58) = 58.09482759$，和 $\sqrt{3375}$ 的值 58.09475019 相差 7.7393×10^{-5}，满足机床分辨率要求。

② 若更进一步，已知 $58.1^2 = 3375.61$，更接近于被开方数 3375。令 $a = 58.1$，则 $2ab = (3375 - 3375.61)$，求得 $\sqrt{3375} \approx 58.1 + (3375 - 3375.61)/(2 \times 58.1) = 58.09475043$，和 $\sqrt{3375}$ 的值 58.09475019 相差 2.3718×10^{-7}，满足机床分辨率要求。

例 3：求 $\sqrt{4712} = ?$

已知 $68^2 = 4624$，$69^2 = 4761$，显然 69^2 更接近于被开方数 4712。令 $a = 69$，则 $2ab = (4712 - 4761)$，求得 $\sqrt{4712} \approx 69 + (4712 - 4761)/(2 \times 69) = 68.64492754$，和 $\sqrt{4712}$ 的值 68.64400921 相差 9.1833×10^{-4}，满足机床分辨率要求。

例 4：求 $\sqrt{3272} = ?$

已知 $57^2 = 3249$，接近于被开方数 3272。令 $a = 57$，则 $2ab = (3272 - 3249)$，求得 $\sqrt{3272} \approx 57 + (3272 - 3249)/(2 \times 57) = 57.20175439$，和 $\sqrt{3272}$ 的值 57.20139858 相差 3.5580×10^{-4}，满足机床分辨率要求。

为了更快地计算出大约数，对式中的除法可以快速估算商值，例如 $61 \div 58.1 = ?$ 商为 1 后余数为 2.9，如果把除数看成是 58，则 $61 \div 58.1 \approx 1.05$，和真实值 1.0499139 相差很小；有时可以利用差值法快速计算大约数，例如 $230 \div 49 = ?$ 若令除数为 50，商为 4.6，49 和 50 相差 1/49，把商值加上其 1/49 即可，为了快速计算，可以取 1/50，所以大约数为 4.692，和真实值 4.6938776 相差很小。